"十三五"国家重点出版物出版规划项目

中国工程院重大咨询项目　中国生态文明建设重大战略研究丛书

第 三 卷

生态文明建设与新型工业化研究

中国工程院"生态文明建设与新型工业化研究"课题组

傅志寰　殷瑞钰　朱高峰　王基铭　主编

科学出版社

北　京

内 容 简 介

　　"十三五"是我国全面建成小康社会的决胜阶段。绿色发展是我国在发展过程中面对资源约束趋紧、环境污染严重、生态系统退化所必须树立的理念和发展方向。本书介绍了我国近年来工业、交通运输业、节能环保产业发展的现状，分析了所面临的问题和挑战，以及未来发展的重点领域和技术发展方向，提出了"十三五"期间我国工业绿色发展、绿色交通运输体系建设和节能环保产业发展的主要目标、相应的重点支撑工程和对策建议。特别是针对工业、交通运输业、节能环保产业三大产业的技术发展趋势，提出了不同产业的重点推广技术、完善后推广技术、前沿探索技术，明晰了技术的发展方向。

　　本书适合各级相关政府管理人员、咨询研究人员，以及广大企事业单位的科研、管理人员和关心工业、交通、节能环保产业发展的人士阅读。

图书在版编目（CIP）数据

生态文明建设与新型工业化研究/傅志寰等主编. —北京：科学出版社，2017.5
（中国生态文明建设重大战略研究丛书/周济，沈国舫主编）

"十三五"国家重点出版物出版规划项目　中国工程院重大咨询项目
ISBN 978-7-03-052750-9

Ⅰ.①生… Ⅱ.①傅… Ⅲ.①生态环境建设–研究–中国 ②工业化–研究–中国 Ⅳ.①X321.2 ②F424

中国版本图书馆 CIP 数据核字(2017)第 089625 号

责任编辑：马　俊　李　迪 / 责任校对：钟　洋
责任印制：肖　兴 / 封面设计：刘新新

科 学 出 版 社 出版
北京东黄城根北街 16 号
邮政编码：100717
http://www.sciencep.com
中国科学院印刷厂 印刷

科学出版社发行　　各地新华书店经销

*

2017 年 5 月第　一　版　　开本：787×1092　1/16
2018 年 1 月第二次印刷　　印张：14 1/4
字数：262 000

定价：150.00 元

（如有印装质量问题，我社负责调换）

丛书顾问及编写委员会

顾 问

钱正英　徐匡迪　周生贤　解振华

主 编

周 济　沈国舫

副主编

郝吉明　孟 伟

丛书编委会成员

（以姓氏笔画为序）

于贵瑞	万本太	王 浩	王元晶	王基铭
石玉林	石立英	朱高峰	刘 旭	刘世锦
刘兴土	江 亿	苏 竣	杜祥琬	李 强
李世东	吴 斌	吴志强	吴国凯	沈国舫
张守攻	张红旗	张林波	孟 伟	郝吉明
钟志华	钱 易	殷瑞钰	唐华俊	傅志寰
舒俭民	谢冰玉	谢和平	薛 澜	

"生态文明建设与新型工业化研究"课题组
成 员 名 单

组　长：傅志寰　　原铁道部部长，院士
副组长：殷瑞钰　　钢铁研究总院原院长，院士
　　　　朱高峰　　中国工程院原副院长，院士
　　　　王基铭　　中国石化股份公司副董事长，院士

专题研究组及主要成员

1. 生态文明建设与新型工业化总报告
   - 房　庆　　中国计量科学研究院副院长，研究员
   - 宋忠奎　　中国节能协会秘书长，高工
   - 陈小寰　　中国节能协会副秘书长，高工
   - 李晓燕　　中国节能协会，工程师

2. 工业绿色发展（转型）专题组
   - 张春霞　　钢铁研究总院，教授级高工
   - 上官方钦　钢铁研究总院先进钢铁流程及材料国家重点实验室，高工
   - 王海风　　钢铁研究总院，高工
   - 张旭孝　　钢铁研究总院，高工

3. 新型工业化的产业布局和区域协调发展专题组
   - 张小宏　　中石化经济技术研究院政策研究所所长，高级经济师
   - 李　霞　　中石化经济技术研究院，高工
   - 王守春　　中石化经济技术研究院，高工
   - 李　钢　　中石化经济技术研究院，高工
   - 刘　军　　中国石化股份公司，高工

4. 绿色交通运输体系建设专题组

  罗庆中 中国铁道科学研究院科技管理部处长，研究员

  李忠奎 交通运输部科学研究院副总工，研究员

  贾光智 中国铁道科学研究院科学技术信息研究所副所长，研究员

  李 娜 中国铁道科学研究院科学技术信息研究所，副研究员

  郭 杰 交通运输部科学研究院，副研究员

  毕清华 交通运输部科学研究院，助理研究员

  王晓刚 中国铁道科学研究院科学技术信息研究所，研究员

  史俊玲 中国铁道科学研究院科学技术信息研究所，研究员

  王镠莹 中国铁道科学研究院科学技术信息研究所，副研究员

  李 扬 中国铁道科学研究院科学技术信息研究所，一级翻译

  李凤玲 中国铁道科学研究院科学技术信息研究所，副研究员

  肖增斌 中国铁道科学研究院科学技术信息研究所，副研究员

  耿枢馨 中国铁道科学研究院科学技术信息研究所，助理研究员

  马玉姣 中国铁道科学研究院科学技术信息研究所，助理研究员

5. 生态文明建设与信息化融合专题组

  辛勇飞 中国信息通信研究院政策与经济研究所副所长，高工

  肖荣美 中国信息通信研究院政策与经济研究所政策研究部主任，
      高工

  秦 业 中国信息通信研究院政策与经济研究所政策研究部主任
      工程师，高工

  张 群 中国信息通信研究院政策与经济研究所政策研究部，工程师

  杜 娟 中国信息通信研究院政策与经济研究所战略研究部，
      经济师

  王 迪 工业和信息化部，高工

6. 节能环保产业发展研究专题组

  王健夫 国瑞沃德（北京）低碳经济技术中心主任，研究员

  王 政 中国环境保护产业协会副主任

赵吉诗　国瑞沃德（北京）低碳经济技术中心，副研究员
马　勇　中国节能协会，工程师
柴　博　中国节能协会，工程师

课题工作组

组　长：宋忠奎　中国节能协会秘书长，高工
成　员：陈小寰　中国节能协会副秘书长，高工
　　　　王　波　中国工程院咨询服务中心，博士
　　　　李宇涛　中国节能协会，工程师
　　　　秦　鹏　中国节能协会，工程师

丛 书 总 序

为了积极参与对生态文明建设内涵的探索，更好地发挥"国家工程科技思想库"作用，中国工程院、国家开发银行和清华大学于2013年5月共同组织开展了"生态文明建设若干战略问题研究"重大咨询项目。项目以钱正英、徐匡迪、周生贤、解振华为顾问，周济、沈国舫任组长，郝吉明、孟伟任副组长，20余位院士、200余位专家参加了研究。2015年10月，经过两年多的紧张工作，在深入分析和反复研讨的基础上，经过广泛征求意见，综合凝练形成了项目研究报告。研究成果上报国务院，并分报有关部委，供长远决策及制定"十三五"规划纲要参考，得到了有关领导的高度重视。

项目深入分析了我国现阶段开展生态文明建设所面临的形势，并提出：资源环境承载力压力巨大，生态安全形势严峻，气候变化导致生态保护与修复的难度增大，人民期盼与生态环境有效改善之间的落差加大，贫困地区脱贫致富与生态环境保护的矛盾将更加突出，与生态文明相适应的制度体系建设任重道远，生态文明意识扎根仍需长期努力，国际地位提升下的国家环境责任与义务加大八个重大挑战。

此基础上，研究提出了我国生态文明建设的国土生态安全和水土资源优化配置与空间格局、新形势下生态保护和建设、环境保护、生态文明建设的能源可持续发展、新型工业化、新型城镇化、农业现代化、绿色消费与文化教育，以及生态文明建设的绿色交通运输重要领域的九大战略，并针对每项战略提出了需要落实的若干重点任务。

研究专门提出了生态文明建设"十三五"时期的目标与重点任务。目标是：到2020年，经济结构调整和产业绿色转型取得成效，高耗能产业得到有效控制，节能环保等战略性新兴产业蓬勃发展；能源资源消耗总量得到有效控制，利用效率大幅提升；生态环境质量有效改善，危害人体健康的突出环境问题得到有效遏制；划定并严守生态保护红线，保障国家生态安全的空间格局基本形成；生态文明制度体系基本形成，生态文明理念在全社会全面树立。

建议将以下指标列入"十三五"国民经济与社会发展规划，作为约束性控制指标，到 2020 年实现：战略性新兴产业占 GDP 比例大于等于 15%；能源消费总量小于等于 48 亿 t 标准煤；非化石能源占一次能源比例大于等于 15%；碳排放强度比 2005 年下降 40%~45%；水资源利用总量小于等于 6500 亿 m^3；全国生态资产保持率大于等于 100%，森林覆盖率大于等于 23%，森林蓄积量大于等于 161 亿 m^3；国家生态保护红线面积比例大于等于 30%，自然湿地保护率大于等于 55%；全国地级及以上城市 PM_{10} 浓度比 2015 年下降 15%以上；京津冀、长三角 $PM_{2.5}$ 浓度分别下降 25%、20%左右；七大流域干流及主要支流优于III类的断面比例大于等于 75%；节能环保投入在公共财政支出中的占比稳定在 3%左右。

为实现上述目标，建议实施"民众为本，保护优先；红线约束，均衡发展；改革突破，从严追责；科技创新，绿色拉动"的指导方针，切实完成好以下九大重点任务：①实施绿色拉动战略驱动产业转型升级；②提高资源能源效率建设节约型社会；③以重大工程带动生态系统量质双升；④着力解决危害公众健康突出的环境问题；⑤划定并严守生态保护红线体系；⑥推进新型城镇化战略统筹城乡发展；⑦开展国家生态资产家底清查核算与监控评估平台建设，实施国家生态监测评估预警体系建设工程，建设生态环境监测监控的大数据整合技术平台；⑧全面开展全民生态文明新文化运动，引导和培育社会绿色生活消费模式；⑨实施生态文明工程科技支撑重大专项。

同时，为进一步推进生态文明建设，研究还提出了构建促进生态文明发展的法律体系，全面完善资源环境管理的行政体制，形成资源环境配置的市场作用机制，建立完善促进生态文明发展的制度体系，健全生态文明公众参与机制五个方面的保障条件与政策建议。

本套丛书汇集了"生态文明建设若干战略问题研究"的项目综合卷和 8 个课题分卷，分项目综合报告、课题报告和专题报告三个层次，提供相关领域的研究背景、涵盖内容和主要论点。综合卷包括综合报告和相关专题论述，每个课题分卷则包括课题综合报告及其专题报告。项目综合报告主要凝聚和总结了各课题和专题中达成共识的一些主要观点和结论,各课题形成的一些独特观点则主要在课题分卷中体现。本套丛书是项目研究成果的综合集成,凝聚了参研院士和专家们的睿智与心血。希望此书的出版,对于我国生态文明建设所涉及的相关工程科技领域重大问题的破题,予以帮助。

生态文明建设是新时期我国实现中华民族伟大复兴中国梦的重要内容,更是一项巨大的惠及民生的综合性建设,本项研究只是该系列研究的开始,由于各种原因,难免还有疏漏和不够妥当之处,请读者批评指正。

中国工程院"生态文明建设若干战略问题研究"

项目研究组

2016 年 9 月

前　　言

党的十八大报告明确了大力推进生态文明建设的战略部署，将生态文明建设提到了前所未有的高度，这对我国的经济社会发展提出了新要求。绿色发展是我国面对能源、资源约束趋紧，环境污染严重，生态系统退化所必须树立的理念和发展方向。

本书选取了工业和交通两大耗能产业和节能环保这一绿色发展的重点产业作为研究对象，从产值规模、技术、管理、政策和市场等多个角度分析了这3个产业的发展现状，研究了在推进新型工业化、绿色交通和节能环保产业发展中所遇到的技术、政策、标准、监管和市场等方面的难题，分别从产业发展战略、技术支撑等角度阐释了突破的方向，并有针对性地提出了产业发展的建议。

本书分为"新型工业化篇""绿色交通篇"和"节能环保产业篇"3个部分。"新型工业化篇"重点分析了我国近年来工业发展的成就及面临的挑战，提出了我国工业绿色发展必须推进源头削减和末端治理相结合、持续深化信息技术在工业过程中的应用、大力发展循环经济和战略性新兴产业、加快发展生产性服务业等对策和建议。"绿色交通篇"指出能源消耗和污染物排放快速增长、交通拥堵现象日益加剧已经成为中国交通运输业发展的突出问题，认为各运输方式发展不平衡、综合交通枢纽布局不合理、法规标准不健全、科技水平有待提高是产生这些问题的主要原因；提出了中国绿色交通运输体系建设的发展目标，包括：基本建立绿色交通运输管理体系，提高交通运输能源利用效率，控制环境污染，有效缓解城市交通拥堵；并指出中国建设绿色交通运输体系，需要重点加强交通规划制定、运输结构优化、城市公交发展、综合枢纽改善、节能环保管理、智能交通发展及科技创新等多方面的工作。"节能环保产业篇"梳理了当前节能环保产业发展面临的问题，分析了节能环保产业持续快速发展的政策需求，提出了节能环保产业"十三五"的发展目标及重点工程，以及节能环保产业中长期发展的重点领域、技术发展方向和对策建议。

本书由中国节能协会牵头，钢铁研究总院、中国石油化工集团公司经济技术研究院、中国铁道科学研究院、交通运输部科学研究院、中国信息通信研究院、中国环保产业协会和国瑞沃德（北京）低碳经济技术中心协助共同完成。"新型工业化篇"主要执笔人为中国节能协会宋忠奎、陈小寰，钢铁研究总院张春霞、上官方钦，中国信息通信研究院辛勇飞、秦业，中国石油化工集团公司经济技术研究院张小宏；"绿色交通篇"主要执笔人为中国铁道科学研究院罗庆中、贾光智、李娜，交通运输部科学研究院李忠奎、郭杰、毕清华；"节能环保产业篇"主要执笔人为中国节能协会宋忠奎、陈小寰，国瑞沃德（北京）低碳经济技术中心王健夫、赵吉诗，中国环保产业协会王政。

本书是基于各方专家对工业、交通和节能环保三大产业历时两年多的研究成果形成的，期间经过多次修改，终于印刷出版，希望为新型工业化、绿色交通和节能环保产业在"十三五"期间发展提供参考。鉴于编者水平有限，书中难免有疏漏之处，敬请专家和广大读者批评指正。

作 者

2017 年 2 月

目　　录

节能环保产业篇

附 录

新型工业化篇

　　工业绿色发展是我国绿色发展最重要的领域。2012 年我国工业能源消费总量约占全国的 71.3%[①]，作为我国工业重要组成部分的钢铁、有色金属、石化、化工、建材、造纸、装备制造等高耗能、高排放行业的能源消费量占工业能源消费总量的 2/3 以上，污染物排放总量在工业污染物排放总量中占较高比例[②]，因此，钢铁、有色金属、石化、化工、建材、造纸六大流程制造行业和装备制造业等传统产业是未来我国节能减排的"主力军"，是绿色发展最重要的领域，所以将其列为工业绿色转型研究的重点。

---

　　① 数据来源：根据国家统计局《中国能源统计年鉴 2013》数据计算得出。

　　② 根据中华人民共和国环境保护部《中国环境统计年鉴 2013》数据计算可得，钢铁、有色金属、石化、化工、建材、造纸六大行业四项总量控制污染物化学需氧量（COD）、氨氮、二氧化硫、氮氧化物排放量分别占工业源排放总量的 39.5%、55.8%、43.6%、31.0%，其他特征污染物排放量占比更高，如挥发酚占 89.5%、氰化物占 71.4%、石油类占 39.6%、汞占 57.9%、镉占 82.4%、铅占 61.7%、砷占 62.7%等。

第一章　生态文明建设的新型工业化内涵

生态文明建设的新型工业化战略是指在工业发展过程中通过科技创新和加强管理，提高资源能源利用效率，降低碳排放和污染物排放，实现工业绿色、循环、低碳发展的战略。

绿色发展是培育新的经济增长点、保护生态环境活动的总和，是资源承载能力和环境容量约束下的可持续发展。广义的绿色发展包括存量经济的绿色化改造和发展绿色经济两方面，覆盖了国民经济的空间布局、生产方式、产业结构和消费模式；狭义的绿色发展包括绿色生产制造过程、产品绿色化、节能减排、清洁生产、企业绿色化。

循环发展是"资源—产品—废弃物—资源再生"的再生循环发展模式，是实现经济效益、社会效益和环境效益协同发展的经济模式。

低碳发展源自气候变化领域，本质是能源与发展战略调整，核心是能源技术创新、碳汇技术的发展和制度创新，以降低单位国内生产总值（GDP）的碳强度，避免温室气体浓度升高而引起的影响人类生存和发展的问题（如气候变化异常、出现灾害天气等）。低碳发展的着眼点是未来几十年的国际竞争力和低碳技术市场，具体体现在能源效率提高、能源结构优化及消费行为的理性化。

循环发展和低碳发展都是工业化国家在解决了常规性环境问题以后，分别针对以废弃物管理为重点的环境问题和以应对气候变化为特征的全球环境而提出的。随着世界经济转型，增长要素发生变化，绿色发展成为竞争力的重要标志。

十八大报告首次将绿色发展、循环发展、低碳发展并列提出。绿色发展、循环发展和低碳发展是相辅相成、相互促进的，并构成一个有机整体。绿色化是发展的新要求和转型主线，循环是提高资源效率的途径，低碳是能源战略调整的目标。三者均要求节约资源、能源，提高资源、能源利用效率；均要求保护环境，充分考虑生态系统承载能力，减轻污染对人类健康的影响；三者的目标都是形成节约资源、能源和保护生态环境的产业结构、增长方式和消费模式，以促进生态文明建设。从内涵看，绿色发展更为宽泛，涵盖循环发展和低碳发展的核心内容，循环发展、低碳发展则是绿色发展的重要路径和形式，因此，可以用绿色发展来统一表述。

我国工业绿色发展首先应从狭义的绿色发展做起，尤其是重点拓展流程工业的功能——产品制造功能、能源转换功能、废弃物处理-消纳及再资源化功能，实现各行业的转型升级及协调发展，同时应高度重视通过以产业结构调整为抓手，推进广义的绿色发展。绿色发展不仅需要调整产业结构，而且需要工程科技的支撑，其中包括需要信息技术和节能环保技术的支持。

主要内容有：

（1）面向原料/能源的策略性选择，使相关能源消耗及各类废弃物产生和排放的减量化。

（2）面向制造过程技术的解析-集成、重构-优化策略，使生产效率和资源、能源的利用效率提高。

（3）面向产品的使用、废弃、回收的全寿命分析策略。

（4）面向物质/能量高效（循环）利用的工业生态链构筑策略。

（5）面向绿色化发展的物质流、能量流、信息流融合技术和示范工程。

（6）工业产品结构调整策略。

（7）产业结构调整支持政策。

（8）工业化与信息化的深度融合。

（9）节能环保产业发展策略及技术应用。

第二章　生态文明建设的新型工业化基础和挑战

改革开放 30 多年来，我国工业取得了举世瞩目的成就，工业经济的高速增长，为我国经济发展作出了巨大贡献。但是，随着资源环境的约束越来越显著，以过度消耗资源和牺牲环境为代价的粗放式快速发展使我国环境承载能力已经达到或接近上限。近年来，经过多方努力，我国工业绿色转型已初具成效。无论是产业和产品结构、产品综合能耗，还是技术水平、节能降耗的能力都得到了显著的提高，为我国生态文明建设的新型工业化的进一步发展打下了基础。但同时也面临着诸多问题与挑战。

一、生态文明建设的新型工业化发展基础和成效

工业持续快速发展，不仅支撑了我国经济发展，保证了我国的国际影响力，而且为我国工业的绿色转型奠定了基础，为生态文明建设的新型工业化的发展提供了经济和技术支撑，使生态文明建设的新型工业化的发展在现阶段成为可能。

在此基础上，生态文明建设的新型工业化的发展也取得了一定成效。通过淘汰落后产能、兼并重组、技术创新、工业经济结构优化、加快发展节能环保产业等手段，不断提高排污降耗能力和技术水平，实现工业企业、产品和技术的绿色转型。

（一）工业是我国经济增长的重要引擎

改革开放以来，工业是我国经济增长的重要引擎，也是我国发展最快的产业之一。工业产值规模迅速增加。"十二五"前 4 年，工业增加值由 2011 年的 191 571 亿元增至 2014 年的 228 123 亿元，占国内生产总值的 36%[①]（图 2-1），全部工业增加值年均增速达 9.8%，规模以上工业增加值年均增长 11.45%。

工业发展是社会经济发展的条件和手段，在工业技术和生产能力的支持下，我国经济社会建设得到快速发展。城镇化进程显著加快。2000～2012 年，我国城市化率从 36.2%上升到 52.6%，城镇人口增加 25 270 万人。同时，工业发展还为交通运输业、通信业、广播电视业、互联网等现代服务业的发展提供了支持。

---

① 数据来源：国家统计局网站各年度数据（http://data.stats.gov.cn/easyquery.htm?cn=C01）。

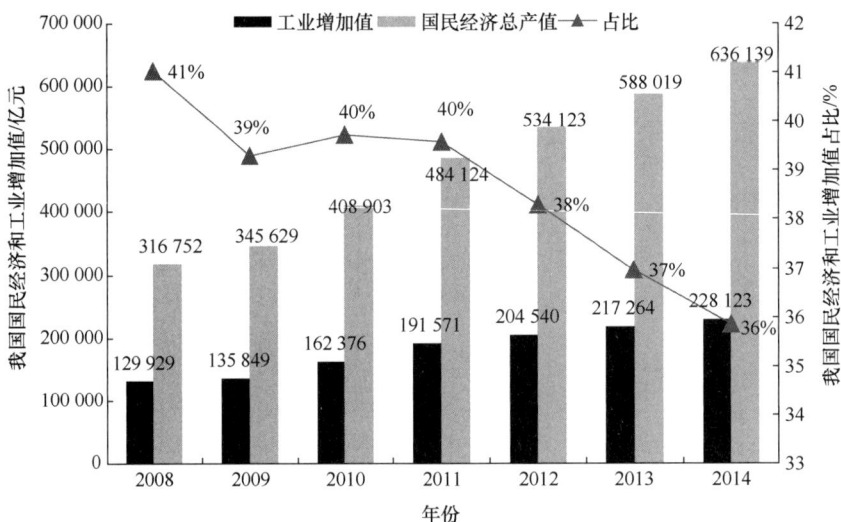

图 2-1　2008~2014 年我国国民经济和工业增加值增长及占比情况

　　工业发展提升了我国国际竞争力。伴随我国经济的快速发展，我国的国际竞争力和影响力也不断增强。其一，产生了一大批具有国际竞争力的企业，如神华集团有限公司、中国华能集团公司、中国宝武钢铁集团有限公司、首钢京唐钢铁联合有限责任公司、中国建筑材料集团有限公司、安徽海螺集团有限责任公司、中国铝业公司、金川集团股份有限公司、山东晨鸣纸业集团股份有限公司、三一集团有限公司、联想集团、华为技术有限公司、海尔集团等企业都已成为具有国际竞争力的企业。其二，工业产量居世界前列。目前，我国钢铁、有色金属、化工、建材、造纸等行业的产量已连续多年位居世界第一，在国际上具有举足轻重的地位。2013 年，我国粗钢产量 8.22 亿 t，约占全球产量的 52%；电解铝产量 2204.6 万 t，约占全球产量的 46%；化肥产量 7153.7 万 t，约占全球产量的 35%；水泥产量 24.14 亿 t，约占全球产量的 58%，平板玻璃 7.79 亿重量箱，约占全球产量的 60%；纸和纸板产量约 1.01 亿 t，约占全球产量的 25%；成品油产量 2.96 亿 t，约占全球产量的 12%，乙烯产量 1620 万 t，约占全球产量的 12%[①]。其三，多项技术进入国际先进行列。其中有：特高压输电、高速铁路、火力发电、核电、可再生能源、超级计算机等技术[②]。

（二）工业经济结构持续优化

　　高耗能、高排放行业的增速有所降低。经过不断调整，我国工业结构逐渐向绿

---

① 数据来源：中国工程院重大咨询项目"工业绿色发展工程科技战略及对策"研究成果。
② 美国能源部部长朱棣文，2010-12。

色化方向发展。到了 2014 年，全年规模以上工业中，高技术制造业①增加值比上年增长 12.3%，占规模以上工业增加值的比例为 10.6%；装备制造业②增加值增长 10.5%，占规模以上工业增加值的比例为 30.4%，而钢铁、有色金属、石化、化工、建材、造纸六大高耗能、高排放行业增加值比上年增长 7.5%，农副食品加工业增加值比上年增长 7.7%，纺织业增长 6.7%，可见高新技术制造业和装备制造业增速均高于六大高耗能、高排放行业及农产品加工业和纺织业等传统产业的增速；固定资产投资，电力、热力、燃气及水生产和供应业投资比上年增长 17.1%，制造业投资比上年增长 13.5%，信息传输、软件和信息技术服务业等高新技术产业投资比上年增长 38.6%，可见高新技术产业的投资增速也明显高于制造业等高耗能、高排放行业③。

工业结构持续优化升级、产品质量不断提高。近年来，通过淘汰落后产能和兼并重组，加快了先进技术的推广应用，提高了资源能源的利用效率，减少了污染物排放，降低了生产成本，推动了工业结构升级和产品质量提高。2014 年，我国企业兼并重组活跃度和交易金额均创下几年来的历史新高。据证监会统计，2014 年我国发生企业兼并重组 2920 单，比 2013 年增长 40%，交易金额达到 1.45 万亿元，比 2013 年增长 63.1%。在淘汰落后产能方面，我国政府采取严厉的指令性措施，淘汰高耗能行业的落后产能。截至 2014 年 11 月底，已淘汰炼钢产能 2790 万 t、水泥 6900 万 t、平板玻璃 3760 万重量箱。经过兼并重组和落后产能的淘汰，钢铁、石油、化工、建材、有色金属等传统行业产业结构和产品结构都得到了优化。例如，钢铁行业中高档特种钢材国产化率提高，高强节材型钢材产品产量及占比均有所提升，钢材质量明显改善，基本满足经济发展的需要。石油和化工行业中高附加值产品成为主要利润增长点，部分产品质量和生产技术已达到世界先进水平；建材行业中专用机械、特种玻璃、玻璃纤维、建筑陶瓷、石材制品等较高附加值产品出口增加；有色金属行业中铜、铝精深加工产品和新材料等高附加值产品产业迅速发展。

---

① 高技术制造业包括医药制造业，航空、航天器及设备制造业，电子及通信设备制造业，计算机及办公设备制造业，医疗仪器设备及仪器仪表制造业，信息化学品制造业。

② 装备制造业包括金属制品业，通用设备制造业，专用设备制造业，汽车制造业，铁路、船舶、航空航天和其他运输设备制造业，电气机械和器材制造业，计算机、通信和其他电子设备制造业，仪器仪表制造业，金属制品、机械和设备修理业。

③ 根据《2014 年国民经济和社会发展统计公报》。

（三）工业技术水平不断提高

工业技术水平迅速提升。改革开放 30 多年，我国工业的技术水平取得长足的进步。通过引进国外先进工艺、技术和装备，对传统行业的工艺、技术进行改造和装备进行更新，使我国工业的技术和装备水平迅速提升。与此同时，一大批具有知识产权的重大技术和高端装备已达到世界先进水平，具有较强的市场竞争力，有的已进入欧美市场。

例如，大型联合钢铁企业的整体技术达到世界先进水平；我国自主研发的水泥生产工艺、装备具有较强的市场竞争力，已进入欧美市场；我国氧化铝产业低品位铝土矿高效节能生产氧化铝技术、拜耳法高浓度溶出浆液高效分离技术、串联法生产氧化铝技术等先进的节能技术已达到世界先进水平；我国开发的特高压交流和直流输电技术世界领先；我国已开发出了一大批具有知识产权的高端装备，如百万千瓦级超超临界火电发电机组、百万千瓦级先进压水堆核电站成套设备、1000kV 特高压交流输变电设备、±800kV 直流输变电成套设备、百万吨乙烯装置所需的关键装备、超重型数控卧式镗车床、精密高速加工中心、2000t 履带起重机、ARJ21 新型支线飞机、"和谐号"动车组、3000m 深水半潜式钻井平台等。

传统行业先进工业技术装备普及率不断提高。工业技术改造在推动企业更新装备、引进先进工艺和技术、提高产品质量等方面发挥了重要作用。传统行业大型先进装备普及率明显提高，如钢铁行业中 4000m^3 以上高炉已达 16 座（根据日本钢铁联盟统计，截至 2012 年 7 月，世界共有 61 座内容积大于 4000m^3 的高炉在运行，其中日本 20 座，韩国 7 座，印度 4 座，德国、美国、俄罗斯、乌克兰和巴西分别为 2 座，法国、意大利、英国、荷兰各有 1 座），1000m^3 以上高炉生产能力所占比例约为 60%；石化行业中乙烯生产装备平均规模不断提高，密闭电石炉产能所占比例明显提升；水泥行业中新型干法生产工艺普及率接近 95%，水泥单线生产规模进一步扩大；电解铝行业中大型预焙槽基本实现了全行业覆盖；发电行业中正在运行百万千瓦级超超临界燃煤机组达到 39 台，数量居世界第一。

工业与信息技术的融合不断加强。重点行业和骨干企业信息化应用进展迅速。例如，钢铁、化工、汽车、船舶、航空等主要行业大中型企业数字化设计工具普及率超过 60%，钢铁、石化、有色金属、纺织等行业过程控制和制造执行系统全面普及，关键工序数（自）控化率超过 50%。重点行业骨干企业的产品生命周期管理、企业资源管理、供应链管理普及和综合集成，钢铁、石化、电子等行业骨干企业基于信息化的业务集成、管控衔接、产销一体化等已达到先进水平。

（四）节能环保产业发展迅速

节能环保产业产值迅速增加。发展战略性新兴产业是实现绿色低碳经济和社会经济持续较快发展的重大战略举措。节能环保产业是战略性新兴产业之一，近年我国节能环保产业发展迅速，特别是"十一五"以来，通过大力推进节能减排，发展循环经济，建设资源节约型环境友好型社会，我国节能环保产业得到较快发展，产值规模快速扩大，年均增长率达 18%。截至 2013 年，我国节能环保产业总产值达到 3.7 万亿元。节能领域：2013 年，我国节能产业总产值约为 1.5 万亿元，其中节能服务业突破 2000 亿元大关，达到 2155.62 亿元[①]，节能装备制造业产值突破 4000 亿元[②]。资源循环利用领域：2013 年，资源综合利用产值达到 1.3 万亿元。环保领域：2013 年环保产业达到 0.9 万亿元。

节能环保产业技术装备水平不断提高。目前节能环保产业常规节能环保技术和装备趋于成熟，部分关键、共性技术已产业化。在节能产业领域，节能技术的发展凸显了"两个转变"，其一是由被动向主动转变，即已经从最初堵"跑、冒、滴、漏"的被动维护阶段向主动节能降耗的阶段发展；其二是由单元向系统转变，即由单元设备、单项工艺的节能技术改造向优化系统、提高系统运行效率的方向发展。一批重大节能技术研发取得很大突破，纯低温余热发电、煤矿低浓度瓦斯发电、干熄焦、高炉煤气发电、等离子点火、新型阴极结构铝电解异型槽、新型结构铝电解导流槽等一批重大节能技术都已研发成熟并推广应用。在资源循环利用产业方面，"十一五"时期，循环经济技术就被列入国家中长期科技发展规划的重要内容，推动了一批关键共性技术的研发，通过实施一批循环经济技术产业化示范项目，推广应用了一大批先进适用的循环经济技术。"十二五"以来，我国通过支持再制造产业化示范项目、城市矿产项目、资源循环利用技术装备产业化项目，以及共伴生矿和尾矿综合利用项目等，加快了资源循环利用技术及装备的推广应用。目前，汽车零部件再制造技术已达到国际领先水平，废旧家电和报废汽车回收拆解、废电池资源化利用、共伴生矿和尾矿资源回收利用等一大批技术和装备取得突破，全煤矸石烧结砖技术装备达到国际先进水平。在环保产业方面，我国环保装备的产品种类达到 10 000 种以上，形成了相对齐全的产品体系。城镇生活污水处理、工业废水处理、燃煤电厂烟气除

---

① 数据来源：中国节能协会节能服务产业委员会发布的《2013 年度节能服务产业发展报告》。

② 2010 年，节能装备制造业产值为 3364 亿元；2013 年产值据此估算。

尘脱硫脱硝、有机废气处理、机动车尾气处理、城市生活垃圾处理、固废危废处理处置、噪声与振动控制、环境监测等均得到较大发展，大批先进技术装备投入实际应用，部分性能落后、高耗低效、供过于求的技术、工艺和产品正逐步被市场淘汰。

（五）工业行业单位产品的能耗和污染强度不断降低

工业产品综合能耗不断降低。随着我国工业技术、工艺流程、装备制造业技术水平和生产能力的迅速提升，以及政府政策的引导和激励，高能效设备和工艺迅速普及，技术落后的状况明显改观，工业产品综合能耗显著降低。"十一五"期间，全国规模以上工业增加值能耗从 2.59tce/万元（tce 为吨标准煤）降低至 1.92 tce /万元，以年均 8.1%的能耗增长支撑了 14.9%的工业增加值的增长。重点耗能行业单位产品的能耗大幅下降，钢铁下降 12.1%、电解铝下降 36.6%、铜冶炼下降 35.9%、炼油下降 15.1%、氮肥下降 12%、水泥下降 28.6%、纸和纸板下降 22%，缩小了与国外先进水平的差距。2014 年全国万元国内生产总值能耗下降 4.8%。工业企业吨粗铜综合能耗同比下降 3.76%，吨钢综合能耗下降 1.65%，单位烧碱综合能耗下降 2.33%，吨水泥综合能耗下降 1.12%，每千瓦时火力发电标准煤耗下降 0.67%[①]。不仅如此，我国煤炭清洁利用和可再生能源开发利用已居世界先进行列，火力发电、水泥、电解铝等行业的先进企业的能源效率已达到世界先进水平，平均效率已接近世界先进水平。

工业产品污染物排放明显降低。按现有环保标准要求，钢铁污染主要是烟粉尘、SO_2 和 NO_x 等；有色金属污染主要集中在重金属和 SO_2 等；石化和化工的污染主要为化学需氧量（COD）、SO_2 和氨氮等；建材行业主要污染为烟粉尘、NO_x 和 SO_2 等，其中粉尘排放量约占工业的 25%；造纸主要集中在废水及其 COD 和氨氮排放等。随着科技进步和环境保护进一步强化，工业行业单位产品的污染排放强度不断下降。工业废水排放的强度从 2001 年的 46.5t/万元降至 2012 年的 11.1t/万元。工业废气中 SO_2 排放的控制初见成效，单位排放强度约降低 11.6%。"十一五"期间，重点耗能行业主要污染物排放强度均有明显下降，钢铁行业吨钢烟粉尘和 SO_2 排放量分别下降了 36.09%和 40.78%；有色金属行业的汞、镉、铅、砷（砷为非金属，鉴于其化合物具有金属性，本书将其归入重金属中一并统计）等重金属排放量不断下降，下降比例分别为 59.6%、39.1%、58.5%和 51.8%；石化行业 SO_2、COD 和氨氮的万元

---

① 《2014 年国民经济和社会发展统计公报》。

产值排放强度分别下降了 56.48%、60.52% 和 76.32%；化工行业 SO_2、COD 和氨氮的万元产值排放强度分别下降了 64%、54.4% 和 80.58%；建材行业烟粉尘和 SO_2 的万元产值排放强度分别下降了 84.9% 和 75.8%；造纸行业的万元产值 COD 排放强度下降了 73.91%。

（六）绿色循环低碳发展的试点、示范活动不断增加

为了推动工业绿色化发展，在政府的主导下，我国已建立了一批生态、循环、低碳工业示范园区。

生态工业示范园发展态势良好。经过 10 年的实践，我国生态工业园区建设经历了由探索到规范化管理发展阶段。截至 2014 年 4 月，根据中华人民共和国环境保护部（简称环保部）发布的《国家生态工业示范园区名单》显示，全国共有 85 家园区启动国家生态工业示范园区的建设，其中 25 家已经通过验收。被中华人民共和国商务部、环保部、中华人民共和国科学技术部（简称科技部）三部门联合命名为国家生态工业示范园区的 14 家园区，无论是改善园区环境质量，还是创新体制机制方面都取得了积极的成效。经统计，生态园区在近三四年内经济的平均增速超过 40%，而主要的污染物却下降了 20%～40%，远高于国家的平均水平，生态环境得到改善。污染物的减少，充分体现了环境保护优化发展的实际成效，也为我国经济的发展转型作出了表率。另外，通过调整和优化园区产业结构，着力于园区内生态产业链网的建设，最大限度地提高资源能源效率，从工业生产源头上将污染物排放量减至最低，实现区域清洁生产，使园区的经济结构不断优化。

循环经济示范试点成效显著。从 2005 年开始，国家组织开展循环经济试点工作，主要是在钢铁、有色金属、化工、建材等重点行业探索循环经济发展模式，树立一批循环经济的典型企业。"十二五"期间，国家发布了《循环经济发展战略及近期行动计划》，提出了以资源高效循环利用为核心，着力构建循环型产业体系，推动区域和社会层面循环经济发展。以推广循环经济典型模式为抓手，提升重点领域循环经济发展水平，形成一批循环经济产业示范园区和若干发展循环经济的示范城市。

国家新型工业化产业示范基地创建取得初步成效。2009 年中华人民共和国工业和信息化部（简称工信部）开展了国家新型工业化产业示范基地创建工作，2012 年，231 家国家新型工业化产业示范基地实现工业增加值 4.97 万亿元，占全国规模以上工业增加值的 1/4，实现利润总额占全国规模以上工业企业利润总额的比例超过 25%，有效发明专利数量占全国的 20% 以上，全员劳动生产率比全国工业平均水平

高出一倍。力争到"十二五"末，形成 300 个左右产业特色鲜明、创新能力强、品牌形象优、配套条件好、节能环保水平高、产业规模和影响居全国前列的国家新型工业化产业示范基地，培育形成 30 家左右具有较强国际竞争优势和影响力的产业基地。

二、生态文明建设的新型工业化面临的问题与挑战

目前，我国工业面临国内 30 多年的经济快速发展积累的压缩性、复合型资源环境问题的严峻挑战，受到国际上温室气体减排和气候变化谈判的巨大压力，这将对实现新型工业化-工业绿色发展起到明显的制约作用。

（一）资源（能源）压力巨大

资源（能源）禀赋匮乏。我国常规化石能源资源相对匮乏，人均可采储量远低于世界平均水平。我国煤炭剩余探明可采储量总量虽然居世界第三，但是人均水平只有全球平均的 67.5%；石油、天然气等优质化石能源储量较低，人均水平分别只有全球的 5.4%、7.7%。2012 年，我国进口石油 2.8 亿 t，对外依存度达 58.7%；进口煤炭 2.9 亿 t，已经是世界第一煤炭进口大国；天然气进口量已达 425 亿 m^3，对外依存度已达 30%，且伴随石油海上运输安全风险、跨境油气管道安全运行问题的增大、国际能源市场价格波动、主要产油国政治风险较高等国际风险，以及能源储备规模较小、应急能力相对较弱、石油进口来源和通道多元化程度不够等国内问题，我国能源安全形势严峻。

工业能源消费不断增加。2012 年，我国一次能源消费总量已达 36.2 亿 tce，约占世界能源消费总量的 20%，人均能源消费量达 2.7tce，已超过世界平均水平（2.5tce）。我国还面临着全球气候变化方面的巨大压力，2012 年，我国由能源消耗引起的 CO_2 排放总量达 92 亿 t[①]，人均 CO_2 排放量接近 7t，高于世界平均水平（约 5t）。工业是我国能源消费的主要领域，工业能源消费总量约占全国的 70%。近年来，虽然工业行业单位产品的能耗强度明显降低，但是由于我国工业规模的快速扩张，工业的能源消费总量仍然过大并呈进一步升高态势。据统计显示，我国工业的能源消费总量由 2005 年的 15.95 亿 tce 增加到 2012 年的 26 亿 tce，占全国能源消费总量

---

① 国家发改委宏观经济研究院课题组，2013 年度重点课题：推动能源生产和消费革命研究，2014 年 6 月研究成果。

的比例由 70.9% 上升到 71.3%。

（二）环境约束日益增强

环境污染严重。随着经济社会的快速发展，我国的生态环境问题集中显现的风险进一步加剧，环境污染的范围、规模、涉及人口、严重程度及其造成的危害前所未有，环境承载能力已经达到或接近上限。目前，我国主要污染物排放总量基本均大大超过环境承载容量（薛文博等，2014[①]），以 SO_2 和 NO_x 为例，2012 年我国实际排放量分别超过环境承载容量的 67% 和 91%。以水中主要污染物（COD、氨氮、挥发酚、氰化物、石油类及重金属等）的排放总量为例，必须要削减 30%～50%[②]，水环境才有可能发生根本性的改变。

工业污染排放总量持续上升。近年来，工业污染物排放强度明显降低，但从污染排放总量看，2012 年全国工业废水排放总量为 2000 年的 1.2 倍；工业废气排放总量为 2000 年的 4.3 倍；SO_2 排放量为 2000 年的 1.3 倍、NO_x 排放总量不断增加且占全国工业污染排放总量的 72%；目前我国有色金属产业铜、铅、锌生产过程中重金属（铅、镉、砷、汞）产排量约 1000t，重金属和有毒有害污染物的问题越趋严重，已发现 27 个地表水国控断面出现重金属超标现象。

污染物排放集中。工业污染物排放主要集中在钢铁、有色金属、石化、化工、建材、造纸六大高耗能、高排放行业，2012 年六大行业合计产值占工业总产值的 43.59%。而排放的废水中化学需氧量占工业总排放的 39.5%，氨氮占 55.8%，挥发酚占 89.5%，氰化物占 71.4%，石油类占 39.6%；排放的废气中 SO_2 占工业总排放的 43.6%，NO_x 占 31%；排放的危险废物占工业总排放的 65%；重金属汞占工业总排放的 57.9%，镉占工业总排放的 82.4%，铅占工业总排放的 61.7%，砷占工业总排放的 62.7%。

污染治理难度大。随着坏境要求越来越严格，工业污染进一步治理的难度增大。以工业废水的 COD 治理为例，相比农业或城市污水中的 COD，工业废水中的 COD 具有成分复杂、浓度波动大和毒性大、难降解的特点，不仅处理工艺设计和日常运行管理复杂，而且处理后的废水中往往还存在较多有毒有害物质，进一步治理的难度加大。

[①] 本文献指出全国 SO_2 和 NO_x 的环境承载容量分别是 1363 万 t/年和 1258 万 t/年。

[②] 环保部副部长翟青. 2013 年环保工作进展. 国务院新闻办公室新闻发布会，2014 年 2 月 11 日。

（三）产业结构不合理

产能过剩问题突出。目前，我国钢铁、有色金属、石化、化工、建材、造纸等高耗能、高排放行业的产品产量除石化产品外连续多年居世界第一，但钢铁、水泥、平板玻璃、电解铝、甲醇、电石、尿素、聚氯乙烯等普遍面临着开工率不高等问题。2012 年年底我国钢铁、水泥、电解铝、平板玻璃的产能利用率分别为 72%、73.7%、71.9%、73.1%，产能严重过剩；与此同时，新增产能速度大于淘汰落后产能的速度，以钢铁为例，2010～2012 年，全国淘汰炼铁落后产能约 8300 万 t，但 2011～2012 年，全国新投产炼钢产能约 1.25 亿 t，新增产能速度大于落后产能淘汰速度。值得注意的是我国产能过剩的问题主要存在于低端产品领域，而在某些高端产品领域，甚至需要大量进口来满足国内消费需求。

我国大部分工业品呈现技术含量、附加值、品牌溢价①"三低"的格局。我国作为制造大国，工业品领域多数行业不但"三低"特点显著，而且由于进入、退出门槛低普遍呈现市场分散、竞争无序的态势。即使是行业前三，甚至领先企业也很难突破这种"矮子群聚、高个难伸"的低端化闷局，市场份额、收入规模、利润水平都无法有效提升，长期陷入"领而不惠"②的尴尬境地。而我国出口品是以初级产品和工业制成品为主，附加值不高。

节能环保产业发展中亟待解决的问题。节能环保产业是战略性新兴产业之一，其存在的主要问题是：第一，技术装备缺乏核心竞争力，综合咨询服务能力薄弱。目前我国节能环保产业领域的企业大多为民营中小型企业，总体而言"多而弱"、"小而散"，行业集中度低，缺乏龙头企业引领行业发展，技术创新能力弱，综合咨询服务能力薄弱，产业总体实力不强。第二，管理体制不畅通，制约产业快速发展。为推进节能环保产业快速发展，国家已出台了很多激励政策措施，但总体上顶层设计不够，制度体系有待完善。节能环保产业已渗透国民经济一产、二产及三产等三大产业部门，由于缺乏明确、清晰的产业定位，隶属关系复杂，多头管理现象突出。同时，节能环保产业（特别是环保产业）边界模糊，至今尚未作为独立的产业门类纳入国民经济统计体系，无法准确地掌控产业发展走势，不利于制定切实可行的产业发展战略。第三，市场机制不健全，制约产业健康发

---

① 品牌溢价：品牌是可以溢价的，当品牌塑造成在消费者心目中高于其他品牌的形象，有了这个形象以后，品牌的溢价就变成了很自然的事情。这就是品牌溢价。

② 领而不惠：是指行业中的领先企业，虽然领先，但得不到真正的实惠。

展。近年来，各类政策密集出台，旨在促进节能环保产业健康有序快速发展，但因市场监督管理缺位，政策执行情况不容乐观。目前我国节能环保产业，特别是环保产业的市场化进程缓慢，市场化机制推进面临诸多障碍。推动节能环保产业发展的价格机制仍不完善、节能环保产业发展的环境税立法工作滞后，制约产业健康发展。第四，投融资渠道不畅，产业发展面临资金障碍。随着国家对节能环保工作的重视程度不断提升，国家对节能环保的投资逐年攀升，但投资需求和实际投入的资金缺口仍有较大差距。第五，技术对产业发展支撑不足，先进技术推广应用进展缓慢。其一，节能环保技术创新体系不健全，技术转化薄弱；其二，节能技术政策和法规不完善，政策执行力有待加强；其三，环境监管执法不到位，使得先进环保技术难以被市场接受；其四，技术研发资金投入不足，财政科研资金使用效率不高；其五，节能环保技术服务体系不完善，技术服务市场不规范。第六，人才队伍不足，制约产业可持续发展。节能环保人才分布分散，缺乏有效的信息共享与沟通合作。同时，市场化人才配置机制不健全，熟悉市场规律的经营管理人才和高端创新性人才稀缺，而且从业标准体系建设未形成，社会化公共服务网络平台未建立。

生产性服务化受到多方面因素的制约。推动生产性企业服务化的主要因素是获得稳定的高边际收益的收入、获得差异化的竞争优势或通过附加服务销售更多的产品、获得顾客忠诚度等，但是目前这种创新的商业模式受到多方面因素的制约。第一，从内部环境来看，由于我国生产性企业整体发展层次偏低，企业对服务化战略认识不足，缺乏品牌、技术、人才、渠道、客户等无形资产和知识资产的支持等，造成了企业能力和动力不足；第二，从外部环境来看，由于服务业生产效率较低、服务化政策支持力度不够、服务化的人才支撑不足等，也制约了生产性服务业的发展。

（四）中小企业节能减排问题突出

我国工业高耗能行业小企业数量多，产量占比很大。许多小企业采用落后生产工艺和原料路线，技术装备和管理落后，单位产品能耗比大型企业高30%～60%[①]。2013年，我国炼油企业平均加工能力为383万t，炼油综合能耗比国际先进水平高出近30%；我国砖瓦企业多达7万家，平均每个企业年产1400万块标准砖，而国外先进企业年产8000万～22 000万块标准砖，砖瓦综合能耗比美国高1倍；我国造纸企业有2400家，平均年产量仅为4.8万t，发达国家平均30万t，我国自制浆企业综合能耗

① 数据来源：《我国中小工业企业节能激励机制研究》。

比国际先进水平高近 1 倍[①]。由于上述行业中多数中小企业技术水平落后，拉低了我国整体的能效水平，对我国工业绿色化发展形成了一定的阻力。中小企业能效水平低的原因有以下几方面。

第一，企业对节能减排重视不足，节能管理水平较低。对中小企业而言，保证企业的正常运营是头等大事，而中小企业由于抵御风险的能力弱，面临的经营和生存压力比大企业还要大。因此，很多中小企业没有建立比较健全的能源管理、计量体系，能源"跑、冒、滴、漏"现象严重，设备运行操作技术不到位，巡检、维护、保养措施跟不上。

第二，受资金、人才等因素的限制，技术研发困难，生产工艺和装备落后，产品附加值低，单位产品能耗和污染物排放较高。企业缺乏专业技术人才，统计、计量、能源管理等各项基础性工作难以得到有效的执行，先进的节能技术难以应用。对设备进行良好的维护、保养也难以实现，能效的大幅提升难度很大；管理经验欠缺，操作运行优化难以实现，设备的实际运行效率与设计值相差较大，不能发挥应有的效果。例如，与钢铁联合企业相比，独立轧钢企业还需要增加钢坯加热工序，使单位产品能耗额外增加；与大型焦化厂和钢铁企业内部焦化厂相比，中小炼焦企业的焦炉煤气和其他副产品难以进行有效的回收和利用，只能白白浪费，这方面因素对中小企业能效水平的影响程度为 20%～25%[②]。

第三，节能减排改造资金不足，融资困难[③]。从信贷结构看，新增信贷的 80%投向了年销售额 1000 万元以上的企业，占中小企业总数 95%以上的小微企业的金融需求无法通过正式的金融机构得到满足。据中国银行业监督管理委员会测算，我国银行的企业贷款结构中，大型企业贷款覆盖率为 100%，中型企业为 90%，小型企业仅为 20%。与此同时，中小企业的资金使用成本高，我国中小企业短期流动资金 70%以上依靠民间贷款，而民间的"过桥"贷款利率普遍高达 30%以上。即便从正规渠道融资，中小企业的融资成本也明显高于其他类型的贷款成本，以 1 年期贷款利率为例，基准利率为 6.31%，但中小企业实际贷款利率通常都要上浮 20%甚至 30%。

第四，一些地方政府对中小企业的节能减排支持和监管力度不够。调查发现，政府对企业开展节能减排活动缺乏鼓励和支持。既没有相关的税收优惠政策，也没

---

① 资料来源：中国钢铁工业协会；中国建材工业协会；中国石油和化学工业联合会；中国造纸协会；日本钢铁协会；美国《油气》杂志，2013-12-03。

② 数据来源：《我国中小工业企业节能激励机制研究》。

③ 数据来源：《2013 中国工业发展报告》。

有财政补贴或奖励政策。有些地区虽然建立了节能专项资金，提出对企业节能技改进行奖励和补贴，但中小企业由于规模相对较小、节能量较小，同时加上申请手续繁杂，限制条件过多，导致实际获得资金支持的中小企业并不多。在难以获得政府资金支持的情况下，中小企业开展节能减排的积极性锐减。同时，没有政府资金支持，获得银行贷款的难度也进一步加大，无形中使实施节能技改项目的资金压力更大，面临的困难和障碍进一步凸显。可以说，政府经济激励不足是当前中小企业节能积极性不高、能效水平难以显著改善的重要原因。

（五）工业整体科技水平有待提高

缺乏核心技术。技术是工业实现绿色低碳转型的关键。企业创新能力较薄弱，科研投入较少，没有成为创新主体，导致技术对外依存度高居不下，目前仍在50%以上，如70%纺织机械、80%的石油化工装备、胶印装备、85%的集成电路、95%的高档数控系统、100%的光纤制造设备等都依赖进口①。核心技术和关键技术受制于人，科技含量高的关键装备基本上依赖进口。工业大量核心的关键技术如工业操作系统、大规模集成电路、网络传感器、工业机器人、工业控制器、高端数控机床等仍严重受制于国外厂商，制造企业在开展创新应用模式的时候往往受到技术瓶颈约束，由此导致我国工业智能化水平的发展受限，网络化、智能化的生产组织能力薄弱。此外，制造企业当前使用的工业系统普遍与 Internet 的兼容性较低，ERP、MES、PLM 等信息系统间的信息交互效率低下，不同品牌的设备之间的网络协议没有统一，企业内的"信息孤岛"现象较为严重。

系统运行效率低。经多年努力，工业装备水平有了长足的进展，规模以上工业企业主体装备的技术水平较高。例如，钢铁、有色金属、建材、造纸、纺织、航空、高铁、汽车、计算机和信息化等已经跻身世界先进水平行列，但是整个行业总体平均水平与国外相比仍有较大差距，装备和流程不匹配，运行效率仍然低下、运行效果差，无法满足现阶段工业绿色发展要求。设计、选型、订购、引进时只重视设备本身效率，片面追求过大余量，导致实际运行远偏离设计工况，大马拉小车低效运行普遍存在，与工艺匹配不足。

科技支撑有待提高。目前适合我国特点的工业绿色发展的工程科技尚不能满足发展需求，资金支持强度不足。工业领域绿色技术开发的创新驱动力弱，源头削减、清洁生产等方面科技开发投入明显低于产品、装备的开发投入。在多种污染物协同

---

① 数据来源：《新时期中国工业的发展与管理》。

减排、重金属污染减量、有毒有害原料替代和主要污染物削减等领域缺乏先进有效的实用技术来达到新的环保标准要求。

（六）政策法规不完善，监督执行不力

节能减排的法律法规不健全，且缺乏有效监管和后评估制度，加上节能减排监管不力，造成违法成本低、守法成本高的局面。同时，缺少对高耗能产品全生命周期的节能减排监管，导致"重末端治理、轻源头预防"的方式和观念难以扭转。

政策法规有待完善。虽然，我国已经实施了一系列支持节能减排、结构调整、技术创新、发展新能源的财税政策，应对气候变化财税政策，但财政资金投入不足，投入机制不健全，绩效较低，税收约束政策欠缺，优惠政策不完善，缺乏协调配合。此外，环保主要靠政府投入，没有撬动社会大市场。有的大企业虽然安装了环保设备，但只有去检查才运转，否则就不运转。还有很多企业连设备都没有安装，更谈不上治理。资源价格扭曲，不能反映资源的稀缺程度，还未形成按照市场定价机制配置生态环境资源的价格体系；资源税税种设置不全，排污收费制度中税费过低，对企业排污和环境治理难以形成有效的制度体系约束，导致企业节能减排动力不足。

监管执法不力。近年来，我国已制定和修订了节能环保的法律法规和产业政策，颁布了一系列强制性的产品能耗标准、能效限额标准和环保排放标准，实施了能效标识制度，取得了可喜的成绩，由于执法不到位，企业间存在不公平竞争。就环保而言，一些大企业的环保投入大、环保绩效好，而一些中小企业缺乏环保意识和环保投入不足，大中小企业间环保绩效差异显著。从制度层面看，原有的环境管理法律法规对于污染的处罚处置力度不够，导致"守法成本高、违法成本低"。从执法层面看，由于资金和资源的缺乏，我国环境监管和执法无法全面覆盖，普遍存在"抓大放小"现象，对国有企业、大企业监管多、检查严，而部分存在环境违法的私有（民营）企业、中小企业却脱离监管。环境监管不能一视同仁、不能公平执法，使得小企业与落后企业继续成为环境恶化的主要"推动力"和"贡献者"，加剧了不同规模和不同所有制企业间的不公平竞争，给我国生态环境造成了巨大压力。

（七）相关行业标准不健全，影响工业绿色发展

工业是我国能源资源消耗和污染物排放的主要领域，标准是政府加强节能减排监管的重要依据，也是企业实施节能减排管理的基础。建立健全工业节能减排标准体系，不仅能够提高产品能源利用效率，减少污染物排放，而且有助于促进企业技

术创新和产业升级，优化产业结构，提高消费者的节能减排意识，对进一步推进我国工业节能减排工作具有不可替代的作用。

虽然，我国节能减排标准化工作逐步推进，相关技术标准、管理标准也在不断地制定和修订，到2014年，已实施的强制性能效标准已达62项，五大类33种产品实施了能效标识制度，新颁布工业行业环保标准更加严格，但仍与目前我国严峻的节能减排形势不相适应。目前已实施的高耗能、高污染行业的单位产品能耗限额国家标准中，大部分能耗限额标准值偏低，且一些标准已经相对滞后。主要是由于新建先进产能投入生产，以及技术创新、技术改造的推进，部分行业单位产品、工序能耗水平已经取得大幅进步，一部分现行的国家能耗限额标准已失去约束性，造成大部分企业都能达到国家标准，已经不能满足工业绿色发展的需要；还有相当部分企业市场检验、社会调查、研究方法的创新及实验验证能力不足，使得许多产品能耗尚无相应的国家标准；同时，这些行业缺少相应的用水、用地等方面的标准致使我国工业节能减排外部约束力不足，严重影响了我国工业的绿色化。

（八）政府管理错位与缺位并存，市场机制不健全

政府管理错位与缺位并存，角色亟待转变。政府根据经济社会发展和人民群众生活需要，通过法规和政策创造市场需求，应定位于规则制定者和市场监督者。但在实际运作中，各级政府往往对市场过多干涉，设立各种不合理、不合法的行政审批事项和地方保护政策，这些行为损害了市场秩序，加剧了市场的无序竞争。市场监督管理也存在许多问题。以节能环保产业为例，近年来，各类政策密集出台，旨在促进节能环保产业健康有序快速发展，但是政策执行情况不容乐观。产品在生产环节由技术监督部门负责质量监管，进入流通环节后，则由工商部门负责市场监管。在市场监督时，只审查营业执照，不审查节能环保认证，产品是否属于"节能环保产品"无人监管。节能环保监督执法与市场监管分离，市场监管存在盲区，效力大幅消减。假冒伪劣产品很容易混入节能环保产品市场，而真正的节能环保产品由于承担着更多的创新成本和生产经营成本，在竞争中常常处于不利地位。这使得节能环保企业无利可图，从而扼杀了其自主创新的积极性，形成了逆向淘汰机制，阻碍了节能环保企业的健康成长和产业的良性发展。

现行的价格管理体制，不仅难以反映能源稀缺程度，而且导致高耗能企业节能动力不足。在节能领域，当前我国煤、电、天然气等能源价格关系尚未理顺，能源价格尚不能充分反映能源稀缺程度、供求关系和环境成本，价格对节能的政策导向

较弱。研究结果表明（林伯强和杜克锐，2013），要素市场扭曲对我国能源效率的提升有显著负面影响；消除要素市场扭曲年均可提高 10%的能源效率和减少 1.45 亿 tce 的能源浪费；要素市场扭曲的能源损失量占总能源损失的 24.9%～33.1%。价格扭曲是要素扭曲的最主要因素，要素价格扭曲对粗放增长模式具有锁定效应。一方面，要素价格的低估使得本应被淘汰的落后产能仍然有利可图；另一方面，低成本要素使得企业可以通过增加要素投入来获得利润，抑制了企业进行研发和技术投资的动力。由此可见，要素市场扭曲阻碍了地区产业的升级及转型，进而影响到生产中能源效率的提升，不利于推进节能工作，也不利于节能产业发展。在环保方面，以污染物达标排放而不是以环境质量达标为原则的环保监管体系从根本上不利于我国环境质量的改善，也不利于环保产业市场氛围和价格机制的形成，从而为劣币驱逐良币提供了温床。此外，从 2007 年开始，中华人民共和国财政部（简称财政部）、环保部、中华人民共和国国家发展和改革委员会（简称国家发改委）先后批复了江苏、浙江、湖南等 11 个省（直辖市、自治区）开展排污权有偿使用和交易试点，试点工作取得了显著成效，但目前排污权定价机制尚有待于进一步完善。

市场机制不健全，碳交易发展较慢。我国的碳交易市场发展较慢，存在许多问题：对外清洁发展机制交易缺乏议价能力。由于我国的碳交易市场构建起步较晚，交易体系尚未建立完善，国际市场上的碳交易规则和价格主要由国外大型碳市场、金融机构、减排主体等碳需求方来制定。尽管国家发改委对清洁发展机制项目的价格已经开始控制，但目前国际碳交易以买方市场为主，作为清洁发展机制项目的供应方，我国处于全球碳交易产业链的最低端，定价权和议价能力不足，国内核证减排量价格长期被压低。国内碳交易基础条件缺失。首先，缺乏碳排放权交易的具体的法律制度。尽管部分省份如山西、江苏、浙江、湖北等相继出台了一些地方性的碳排放权交易法规，但是在国家层面上还没有针对性立法，排放权交易从检测审批到交易结算，尚没有统一的规范标准。其次，缺乏对碳排放权的有效需求，企业缺乏参与碳排放权交易的动力。

第三章 生态文明建设的新型工业化发展总体战略

生态文明建设的新型工业化发展思路是，通过工业结构调整、科技创新驱动、政策法规保证等措施，实现工业绿色发展、低碳发展、循环发展。推进源头削减和末端治理的有机结合，重在控制、降低排放总量；持续深化信息技术在工业过程中的应用，进一步推进物质流、能量流、资金流、信息流的深度融合；大力发展循环经济，建设和实施一批工业生态园区的示范工程；加快发展生产性服务业，引领企业向价值链延伸方向发展；大力发展战略性新兴产业，带动工业绿色低碳转型。

一、推进生态文明建设的新型工业化发展目标

我国工业经过长时间的调整，为生态文明建设的新型工业化发展奠定了一定的基础，为我国工业的绿色转型提供了必要的条件。根据我国工业绿色转型已经取得的成绩和技术发展水平，制定了我国生态文明建设的新型工业化发展目标，预测了未来工业绿色发展工程科技的主要发展趋势，同时，进行了高耗能、高排放行业的能耗拐点分析。

（一）"十三五"工业发展目标

根据我国能源发展的基本国情，按照生态文明背景下能源生产和消费革命的总体要求，国家提出实施能源强度和能源消费总量双控制方针。以 2009 年我国政府向国际社会作出的降低碳排放强度的承诺为基础核算，预计 2020 年我国一次能源消费总量将控制在 48 亿 tce 以内，根据 2020 年我国工业（制造业）节能潜力分析和高耗能行业能源拐点预测，我国工业终端能源消费量将要控制在 20 亿 tce 左右。从环境容量的角度分析，到 2020 年，我国主要污染物，如 COD、氨氮、SO_2、NO_x 的排放总量应在 2010 年的基础上下降 20%。即到 2020 年，COD、氨氮、SO_2、NO_x 的年排放总量分别下降到 2041 万 t、211 万 t、1814 万 t、1819 万 t，相应的各行业的污染物排放总量将被严格控制。并且，污染物削减与环境质量的关系有待进一步研究，需要重点关注特征污染物的削减。

工业是能源消费和污染物排放的主要行业，肩负着低碳、绿色发展的重要责任，

到 2020 年工业的发展目标如下。

（1）重化工业总规模得到有效控制，产业结构调整见成效。流程工业的功能拓展具有"产品制造、能源转换、废弃物处理-消纳及再资源化"三大功能。

（2）工业能耗强度和污染物排放强度明显下降，能源消费总量维持在 2012 年的水平不增长。其中，钢铁、有色金属、石化、化工、建材、造纸等六大行业的总能耗占工业能耗的比例下降到 55%；污染物排放总量降低 20%；依行业的基础水平不同，能源消费强度下降空间预计为 5%～30%（例如，钢铁、石化 5%～7%；水泥约 15%；造纸约 29% 等）、主要污染物排放强度下降空间为 10%～30%。

（3）行业间及与社会的生态链接技术得以突破并形成规模，促进工业发展融入到生态文明建设中。

（4）工业装备绿色化。要以新理论、新技术、新工艺、新材料促进装备水平和竞争力提升，要从设计、成形、运行、在役再制造和监测与自愈调控入手，提升技术、运行和智能化水平，实现工业装备全寿命周期内的绿色化。

——设计绿色化：包括面向环境设计、精准设计、和谐设计、量身定制、可再制造性设计。

——成形绿色化：包括精锻精轧无切削、近净成形、无模精铸、数控加工、短流程、洁净制造等，从而改变恶劣工作环境和提高劳动生产效率。

——运行绿色化：运用健康能效监测诊断和评价技术，通过智能化控制，实现安全、高效运行。

——在役再制造：以健康能效诊断为基础，提升在役机电装备健康能效和智能化水平，实现和谐运行。

——监测与自愈调控：利用信息化、网络化、物联网、云计算、大数据等新技术，推广并完善装备健康能效监测诊断系统，建立起多参数综合诊断和能效评价体系，开发智能安全监控与过程相适应的节能自优化和故障自愈调控系统。

（5）基本形成具有我国自主创新特色的工业绿色发展的工程科技支撑体系，包括关键技术、引领性重大工程和相关示范项目。

关键技术包括：推动传统工业转型升级方面的关键技术、工业领域资源（能源）节约、环境保护及资源综合利用方面的关键技术。其中又可分为：重点推广技术、完善后推广技术和需探索的关键前沿技术。

工业绿色发展引领性重大工程主要有：节能环保系统集成优化工程，绿色工艺改造及产品创新工程，绿色产业生态链接工程，信息化、智能化提升改造工程和工业装备优化提升工程。

（6）工业化和信息化进一步深度融合。以互联网为代表的新一代信息技术在工业领域广泛应用，在重点领域应用取得突破性进展。大型工业企业信息化水平显著提升，中小企业生产、管理、销售服务等环节的信息技术应用进一步普及深化，重点工业用能企业节能减排整体解决方案中的信息技术应用达到较高水平。

加快传统生产装置（设备）的信息化、数字化和智能化改造，推进以绿色化发展为核心的企业技术改造，通过企业内物质流的动态-有序化、协同-连续化，能量流的高效转换，及时回收和充分利用，并以物质流网络优化、能量流网络合理化为基础，促进企业信息技术的有效化、系统高效化，进一步上升到智能化制造。

（7）节能环保产业步入健康发展的轨道。随着国家进一步加强对战略性新兴产业发展的政策支持，战略性新兴产业将呈快速增长的态势，2020年战略性新兴产业增加值占国内生产总值的比例达到15%。"十三五"期间，节能环保产业实现产业产值年均增长15%以上，到2020年产业总产值达到8万亿～10万亿元，成为国民经济的重要组成部分。节能环保产业快速发展，其中节能产业年均增速高于GDP增速，节能服务产业增速加快，年增长20%～30%；环保产业年增长30%以上，环保服务产业占环保产业的比例在55%以上①。初步建成若干具有潜在国际竞争力的大型节能环保企业集团。节能和资源综合利用技术设备的研发取得显著进展，节能装备和产品质量、性能大幅度提高；在节能产业大部分领域和环保产业关键领域，形成一批具有自主知识产权的技术和装备，部分关键共性技术达到国际先进水平；在水、气、固废等环保产业关键领域形成一定的先导技术研发和技术储备能力，土壤修复和生态修复技术逐步成熟，清洁生产技术得到广泛应用；环境服务业健康有序发展，咨询服务市场快速发展，环境综合服务逐步推广，环境友好产品成为市场消费主流，初步建成环保产业发展市场体系。

（二）未来工业绿色发展工程科技的主要发展趋势

——从末端治理转向源头削减、过程控制和末端治理的全过程管控。

---

① 服务业比例在55%以上是测算值。主要依据如下：2011年全国环保产业调查，环保产品生产领域营业收入1997亿元，环境保护服务领域营业收入1707亿元，服务业的比例已经达到46%。2004～2011年环保产业的总体增速是28%，环境服务业增速是30%，环境服务业的占比进一步提高。另外，随着近些年大量环保设施的建成，未来运营服务市场将持续扩大，而且咨询服务业也会有非常快的增长。

——将逐步从常规污染物控制扩展到同时对非常规的有毒、有害污染物严格控制。我国面临复合型、复杂的环境问题，而急需的污染物协同控制技术不是国际热点，也无从引进，必须自主创新开发我国特色的绿色化技术。

——流程工业行业应拓展功能，成为发展循环经济的主战场。企业层面的节能减排已取得明显效果，但钢铁、有色金属、石化、化工、建材、造纸等六大高耗能、高排放行业仍将是我国节能减排、环境保护、绿色发展的主力军，应拓展功能，融入循环经济，关注开发行业（产业）间及与社会的生态链接技术。

——与信息化深入融合，将对工业行业绿色转型的产业模式发生重要影响。在构建和优化的物质流、能量流网络基础上，与数字化、网络化和智能化技术融合。

鉴于我国工业能源消耗和污染排放主要来自于钢铁、有色金属、石化、化工、建材、造纸、装备制造等高耗能、高排放行业，所以我国要实现工业的绿色发展、循环发展、低碳发展就必须重点对这些行业进行研究分析。

（三）高耗能、高排放行业发展预测

资源、能源消耗和环境影响一般会随着时间的演变依次遵循两个"倒U形曲线"：强度曲线和总量曲线。资源消耗或者污染物的排放两个倒U形曲线的规律是不可逾越的，不同倒U形曲线的高峰之间经历的时间可以缩短，峰值可以降低。通过制度安排、结构调整、技术进步乃至社会行为的调整，在促进经济发展和满足人们自身需要的同时，以较低的资源和环境代价，尽早地实现资源消耗和污染物排放高峰的跨越。该规律也意味着在应对资源和环境问题时，不能脱离经济发展阶段和国家基本国情，必须循序渐进地加以推进。

在资源利用技术较为落后的阶段，资源消耗总量（污染物排放量）较多，但是产业的产值增加速度相对较慢，所以会导致资源消耗强度的增加。当资源利用技术加速进步时，资源消耗总量随着经济的发展仍在上升，但是相对较为缓慢，将会低于产值的增速；在国家实施相应政策来控制污染物排放的情况下，污染物的排放总量会有一个大幅度的下降。

工业仍将是我国国民经济特别是实体经济不可缺少的重要基础，但是，面对资源、能源和环境的严重制约，必须转向绿色发展。转变工业发展方式、实现工业绿色发展已经到了非常紧迫和关键的时刻，也是未来的长期发展趋势。一方面，中国对全球资源的需求量很大；另一方面，中国工业中重化工产品产量所占全球市场份额过大。在这种背景下，经济发展绝不能再依靠大量的投资和产能扩张来

实现。

我国工业绿色发展将是一个长期的过程，"十三五"将是我国工业转型升级和绿色发展的攻坚时期，推进工业绿色发展是建设生态文明的必然要求，也是转变工业发展方式的根本途径。"绝不能以牺牲环境为代价来获取经济发展"！

1. 高耗能、高排放行业拐点预测

本节重点对 2020 年钢铁、有色金属、石化、化工、建材、造纸、装备制造等行业能源消耗总量和主要污染物排放总量能否出现拐点（临界点，平台，即能源消耗总量和主要污染物排放总量不再增加或开始出现下降的点）做了初步分析。

钢铁行业：在 GDP 增速 6%～8% 和进出口平衡条件下，如果环保执法到位、提高能效和环境污染协同控制的技术支撑到位，能耗强度（降幅约 7.2%）和主要污染物排放强度（降幅 53%～80%）的下降空间较大，钢铁行业能源消耗总量拐点将出现在 2017 年左右，而污染物排放总量的拐点将提前出现在 2015 年左右；如果加快产业结构和消费结构的绿色化调整，则钢铁行业总的能源消耗和污染物排放总量的拐点都有可能提前到 2015 年左右。

有色金属行业："十三五"期间有色金属工业产量仍将持续增长，但增长幅度将明显低于"十二五"时期，预计在 2020～2025 年，中国有色金属工业的总产量与总能耗将会进入一个平台期并开始缓慢下降。

石化行业：到 2020 年，炼油和石化行业的能源消耗总量仍将持续增加，不会出现拐点；但考虑到污染物排放将得到严格控制，炼化行业主要污染物排放总量已于 2005 年左右出现拐点。

化工行业：化工行业能源消耗总量和碳排放总量将会持续增长，到 2030 年左右达到峰值；磷矿资源消耗在 2017 年左右达到峰值；而污染物排放总量目前大部分已出现拐点。

水泥行业：我国水泥产量于 2014 年达到峰值，能源消耗总量和 NO_x 排放总量拐点也出现在 2014 年，预计未来几年，全国水泥产量将会处在平台期，维持相对稳定的水平。

造纸行业：因出口限制和国内市场等，我国造纸行业经历了连续十几年的快速增长，2012 年产量达到峰值，约为 1.025 亿 t。因为不断淘汰落后产能、科技进步，以及造纸工业原料中废纸比例持续增加等，造纸行业单位产品能耗、万元工业产值（现价）、新鲜水用量与废水排放量，以及 COD 与氨氮排放强度持续下降，故造纸行业总能耗和主要污染物排放总量拐点已经出现。

装备制造业： 工业装备制造业是国民经济的基础。工业装备全生命周期包括：工业装备的设计、制造、运行、在役再制造、再制造等阶段，其生产分散在工业各个行业，很难分析和判断行业能源消耗总量及主要污染物排放总量。但工业装备制造业绿色发展一定要立足于装备全生命周期的"绿色设计""绿色成形""绿色运行与在役再制造"和"绿色再制造"。

综上所述，我国工业如果淘汰落后产能的目标得到实现，环保标准和能源消耗限额标准执法到位，且各行业技术支撑到位，初步有如下判断。

一是能源消耗总量拐点的出现基本与产业规模和实际产量的峰值同步：钢铁、建材、造纸三大行业能源消耗总量的拐点在 2013～2015 年已经出现，而有色金属、石化、化工三大行业能源消耗总量的拐点出现在 2020～2030 年。

二是主要污染物排放总量的拐点有望较能源消耗总量的拐点提前出现，但由于工业规模过大，主要污染物排放总量依然巨大。

2. 高耗能、高排放行业间及与社会的生态链接趋势

以拓展流程制造业的功能为主导，提出钢铁、有色金属、石化、化工、建材、造纸等六大行业与其他行业及社会的生态链接的趋势如下。

钢铁行业： 预计到 2020 年，钢铁行业将与其他行业及社会（社区）构建起多种生态链接。

与化工——冶金煤气的资源化利用：制氢气（湛江东海岛钢铁、炼化一体工程示范）、制甲醇、液化天然气（LNG）等规模化；脱硫副产物高效利用。

与建材——利用冶金渣余热直接生产建筑材料；钙法脱硫副产物的高值高效利用。

与农业——冶金渣生产土壤调理剂和复合肥。

与社会——利用城市中水及钢厂低温余热给社区供热。

有色金属行业： 预计到 2020 年，有色金属行业将与其他行业及社会（社区）构建起多种生态链接。

与电力——利用高含铝粉煤灰可生产氧化铝。

与建材——选冶尾沙、赤泥可用于生产水泥、建筑用砖、矿山胶结充填胶凝材料、路基固结材料和高性能混凝土掺合料、化学结合陶瓷（CBC）复合材料、保温耐火材料等；多品种氧化铝用于制造高级陶瓷材料等。

与社会——赤泥可用于中和城市污水（污泥）和含酸工业废水，改良酸性土壤等。

石化行业：预计到 2020 年，石化行业将按照循环经济的理念，集中布局、园区式建设提高炼油和石化产业集中度，优化物质流、能量流。构建炼化行业与其他行业及社会的多种生态链接，包括以下几种。

与社会——利用炼化企业的低温热资源给社区供暖或用来发电。

与建材——利用炼化企业的固体废弃物及脱硫废渣等资源作建材行业原辅材料。

与生物化工和环保——构建 CO_2 用于微藻培养、微藻吸收工业废气中的 NO_x、微藻用于制油等一体化循环经济产业链。

化工行业：磷资源产业、煤资源产业和食品工业、建材工业、农业等相关产业之间有着众多可以相互利用的上、下游产品，通过磷肥、磷化工、煤化工产品间的供求关系，可以构建出以磷资源产业为主，多产业耦合关联的循环经济系统。

与建材——磷化工副产物磷石膏、煤化工副产物粉煤灰/煤矸石均可作为建材替代原料或燃料。

与电力——通过化工生产的蒸汽可用于发电。

建材行业：建材行业是目前国内消耗各种废弃物最多的行业，这其中以水泥工业最具利废优势且消耗量最大。有效地利用其他工业废料废渣和城市垃圾作为水泥生产的原料、燃料及混合材料，已经成为水泥工业综合利废、保护资源、节能降耗、变废为利的一条有效途径。预计到 2020 年，建材行业将与其他行业及社会（社区）构建起多种生态链接。

与社会——建筑垃圾、生活垃圾和城市污泥可以作为水泥生产的替代燃料。

与冶金——突破利用钢渣、赤泥、金属尾矿等作为水泥生产的替代原料。

与电力——利用沸腾炉渣作为水泥生产替代原料，水泥生产过程中又可以利用余热来发电。

与石化——石化生产排放的润滑油、污泥等成为水泥生产的替代燃料。

与化工——煤化工排放的煤矸石成为生产建筑陶瓷的替代原料；水泥生产排放的废气（CO_2、SO_2）可作为化工生产原料。

与轻工——石蜡、废轮胎成为水泥生产的替代燃料。

造纸行业：造纸过程是一个与多行业相关的资源转化过程，林业、农业、化工、机械与其紧密相关。造纸从蒸煮制浆到洗浆、筛选、净化、漂白、纸和纸板抄造、"三废"处理等过程是一个植物资源精炼的化工过程与物理过程。

与林业、纺织业、电力、能源——形成"种树—绿化—造纸经济林—循环发展"的新模式；将高纯纤维素用于纺织业，其他组分用于生产纸浆或产生乙醇、甲烷等生物质能源等。

与农业——利用来自于农业的废弃物（非木浆原料），减少浪费及由于不当处理所产生的污染。

与化工——利用其他行业的废弃或副产品综合加工后的产品作为制浆造纸过程中需求的化学品。在制浆产生的废液黑液中，综合提取木质素，生产各种有较高附加值的其他行业用的化学品。

3. 2020年高耗能、高排放行业发展目标预测

钢铁行业：有效控制钢铁工业的总规模；钢铁工业能耗强度和污染物排放强度进一步下降，钢铁工业能源消耗总量和主要污染物排放总量得到遏制；基本形成具有中国特色的钢铁工业绿色发展的技术支撑体系。到2020年，具备"产品制造功能、能源转换功能及废弃物消纳和资源化功能"3个功能和动态-有序和连续-紧凑运行特点的钢厂比例约30%；按循环经济原则，钢铁行业大部分企业与其他行业及社会实施生态链接，使各类资源（包括再资源化的排放物）的高效综合利用取得突破；绿色的高附加值钢材自给率提高到90%。

——到2020年，全行业吨钢能耗达到580kgce/t钢；余热资源回收利用率达到50%；吨钢CO_2排放量与2010年相比降低10%～15%；再生资源（废钢）综合单耗达到220kg/t钢，钢厂利用城市中水占企业补充新水量大于20%（对于北方缺水地区应大于30%），冶炼渣综合利用率大于98%，吨钢新水消耗达到3.5m³/t钢；吨钢SO_2排放达到0.8kg/t钢，其中重点区域达到0.6kg/t钢；吨钢NO_x排放达到1.0kg/t钢，其中重点区域达到0.8kg/t钢；吨钢COD排放达到28g/t钢；吨钢烟粉尘排放达到0.5kg/t钢。

——到2030年，全行业吨钢能耗达到570kgce/t钢；吨钢CO_2排放量与2010年相比降低20%～25%；再生资源（废钢）综合单耗达到200kg/t钢，吨钢新水消耗达到3.0m³/t钢；吨钢SO_2排放达到0.5kg/t钢；吨钢NO_x排放达到0.6kg/t钢；吨钢COD排放达到20g/t钢；吨钢烟粉尘排放达到0.3kg/t钢。

有色金属行业：随着我国有色金属产业规模的扩大，有色金属产量增幅将逐渐回落，预计到2020年，10种有色金属产量控制在6000万t左右，再生金属约占33%。其中精炼铜、电解铝、铅、锌产量分别控制在1000万t、3500万t、630万t和750万t；四大再生有色金属产量分别为再生铜420万t，再生铝800万t，再生铅230万t，再生锌200万t；有色金属工业单位工业增加值能耗降低18%，单位工业增加值二氧

化碳排放量降低 18%，重点区域重金属污染减少 15%；铅、镁、锌冶炼综合能耗分别降到 300kgce/t、3500kgce/t 和 900kgce/t，铝锭综合交流电耗、全流程海绵钛电耗分别降到 13 200kW·h/t 和 20 000kW·h/t，再生铜、铝、铅平均能耗水平比 2015 年下降 4%；矿山尾矿和废石资源综合利用率达到 10%左右；实现粉煤灰提取氧化铝的产业化，产量达到 200 万 t；赤泥综合利用率达到 25%；积极发展有色金属再生利用，再生铜、铝、铅分别占到国内供应量的 40%、20%和 30%。

石化行业：不断优化调整产业结构和布局，淘汰落后产能；以工程科技进步为支撑，大力增强自主创新能力，以内涵发展为主，加快技术改造、高端产品开发及提升污染物防治水平；到 2020 年，我国炼油技术和石油化工行业主体技术及炼油综合能耗、乙烯燃动能耗、轻油收率等指标均达到或接近世界先进水平。炼油综合能耗达到 55kgoe/t（kgoe 为千克油当量，1kgoe=41.868×10^6J 热当量）；乙烯燃动能耗达到 610kgoe/t；炼油平均轻油收率达到 80%左右，平均加工损失率降低到 0.45%左右；主要污染物排放满足国家环保标准，排放总量显著减少。

化工行业：从只注重过程清洁生产和节能减排转向全生命周期的绿色化模式。在节能减排指标方面，能效提高，污染物排放强度指标全面下降。加强过程生产环节的绿色技术，重点突破资源开采、产品设计、产品应用及集成耦合等环节绿色技术的开发。预计到 2020 年，磷肥单位产品（磷酸二铵，DAP）能耗约为 180kgce/t P_2O_5，COD 预计下降到约 40mg/L，氟化物（以 F 计）10mg/L，总磷（以 P 计）10mg/L，合成氨单位产品能耗约为 1290kgce/t NH_3，废水排放量下降到 10m³/t NH_3，COD 下降到 1.5kg/t NH_3，氨氮下降到 0.6kg/t NH_3，电石单位产品能耗约为 930kgce/t 产品，烟（粉）尘排放浓度执行一级标准为 100mg/m³、二级标准为 150mg/m³、三级标准为 250mg/m³。

建材行业：到 2020 年，将完全淘汰落后工艺，新型干法水泥生产工艺和浮法玻璃生产工艺的应用率达到 100%，水泥、玻璃工业的总体装备水平达到世界先进水平，水泥的产能过剩问题得到有效控制，年水泥总消费量约为 24 亿 t。严格环保执法，在水泥、平板玻璃和建筑卫生陶瓷工业实现实时在线排放检测，污染物排放强度进一步明显下降。科学调整产品结构，提升产品质量，P.O42.5 及以上产品的比例达到 50%，平板玻璃的深加工率达到 60%，高档陶瓷产品的比例达到 30%。水泥行业吨熟料烧成热耗达到 103kgce/t，吨水泥综合能耗达到 93kgce/t，吨水泥 CO_2 排放量与 2005 年相比降低 15%；平板玻璃行业单位产品综合能耗在 2012 年基础上降低 15%，达到 12.63kgce/重量箱；水泥行业吨熟料 SO_2 排放强度达到 0.09kg/t 熟料，吨熟料

NO_x 排放强度达到 0.64kg/t 熟料，吨熟料烟粉尘排放强度达到 0.048kg/t 熟料；平板玻璃行业 NO_x、SO_2、粉尘的排放强度分别达到 0.4kg/重量箱、0.11kg/重量箱、0.072kg/重量箱，NO_x、SO_2、粉尘的排放强度年均降低 3.42%、14.07%、5.26%。

造纸行业：到 2020 年，在原料结构、生产过程、产品的应用等方面基本上实现绿色化；主要生产过程应实现设备现代化，并以国产装备为主；对环境的影响基本消除，与环境协调发展，废水、污染物的排放量进入平衡点；与资源协调发展，造纸废纸浆达到用浆总量的 70%，国产纸和纸板回收率达到 50%；一半以上的大型制浆厂完成从单纯制浆厂到生物精炼厂的过渡。造纸行业吨纸及纸板平均综合能耗达到 480kgce，纸浆平均综合能耗达到 320kgce，吨纸浆、纸及纸板平均取水量达到 60m³，分别比 2010 年降低 22%、18%、18%；化学需氧量（COD）排放总量为 80 万 t，比 2010 年的 95.2 万 t 降低 16%，预计比 2015 年的 85.6 万 t 降低 7%；氨氮排放总量为 2.03 万 t，比 2010 年的 2.5 万 t 降低 18.8%，预计比 2015 年的 2.25 万 t 降低 10%。

二、生态文明建设的新型工业化发展重点任务

根据国民经济社会发展总体规划，从转变经济增长方式着手，研究在新常态下以结构调整、产业升级为主线的合理需求和总量控制问题，提出全局性的工业绿色发展规划。

（一）加大结构调整力度，推动产业优化升级

控制产能和实际产量，通过现金流调控和能耗、环保倒逼机制真正淘汰高消耗、高污染的落后产能；发展节能环保产业，培育战略性新兴产业和生产性服务业；促进企业向规模化方向发展，扶持具有"专精特新"特征的中小企业，形成大企业与中小企业协调发展、资源配置更富效率的产业组织结构。大力推行清洁生产和循环经济发展方式。创建循环经济示范园区和示范县，并推广应用。合理使用自然资源和能源，不断提高自然资源和能源的利用效率，并将废物减量化、资源化和无害化，推进产业升级。

——化解严重过剩产能。一是建立产能利用率定期发布制度，定期发布主要工业行业产能、产量和产能利用率数据，引导企业的投资行为；二是优化淘汰落后产能政策，将能效、水耗、污染物排放、安全生产、产品质量作为市场准入和淘汰落

后产能的主要标准，利用市场机制将不具备竞争力的落后产能淘汰出局；三是制定和完善落后产能界定标准，坚决淘汰落后产能；四是加强投资项目审批环境影响评价、土地和安全生产的监管，防止新增落后产能；五是提高制造业精致化水平，通过提高企业精致生产的水平，实施"对标"战略，将传统产业做强做精，提升产品的档次和附加价值，化解产能过剩；六是推进能效"领跑者"制度，推动传统产业向绿色化方向发展。

——提高产品附加值。通过各种措施鼓励企业增加新产品研发投入，增强新产品研发能力，向产业链高端延伸，不断提高产品技术含量，从而提升产品国际竞争力，提高产品附加值，进一步提高能源投入产出效率。

——发展节能环保产业。加大对节能环保产业基础研究的投入力度，完善公共财政投入增长机制，重点支持财政资金流向基础研发；加快技术从单点突破向群体推进转变，鼓励多学科领域交叉式发展，培养复合型人才，整合和完善技术创新的公共服务平台，支持协同创新，促进节能环保产业加速集群发展；加快本土市场培育，以内需带动技术突破和产业化；开发、示范一批节能环保共性关键技术，推广应用一批先进适用的节能环保技术和产品，培育、支持节能环保服务业发展。

——促进生产性服务业发展。生产性服务业是现代制造业与现代服务业融合发展的结果，是制造企业转型的一个新趋势。重点发展研发、设计、检验、检测、供应链管理和电子商务等高技术服务领域。

（二）大力发展循环经济

——构建循环型工业体系。全面推行循环型生产方式，实施清洁生产，促进源头减量；推动资源综合开发利用，废物循环利用；推进园区循环化改造，实现能源梯级利用、水资源循环利用、废物交换利用、土地节约集约利用，促进企业循环式生产、产业循环式组合，增强产业可持续发展能力。

——推进社会层面循环经济发展。完善再生资源和垃圾分类回收体系，推动再生资源利用产业化，发展再制造，推进餐厨废弃物资源化利用，实施绿色建筑行动和绿色交通行动。

（三）提升自主创新能力，促进技术进步

与产学研相结合促进企业真正成为技术创新的主体，并推进协同创新，自主创新与扩大开放（引进、消化等）相结合；突破新能源利用技术、低碳技术、绿色技

术、节能技术、原燃料替代等方面的关键共性技术瓶颈；开展节能环保成套装备及配套设备、先进制造技术的研发、生产制造和推广应用；推动行业间、工业-社会间的物质/能源链接技术开发和工业生态园建设；发展绿色制造技术，重视工程设计创新，推进工业产品绿色生态设计，支持绿色设计的产品生命周期评估体系的建立。

——加强自主创新能力。提升技术创新能力，加快重点耗能行业技术改造，缩小与世界先进水平的差距；推进一批重大科技项目、科技创新工程和产业共性关键技术的攻关，实现重点产业的共性技术自主创新。

——强化设计创新。提高工业产品、工程设计标准，推进重化工业制造流程的转型升级及工业产品绿色生态设计，推动绿色化设计的理论创新和方法革新。同时，建立绿色设计的产品生命周期评估体系。

（四）加快工业化和信息化深度融合

新一轮科技革命与产业变革是信息技术与工业的深度融合，新一代信息技术的发展正与工业各流程中海量数据的采集、存储、处理、分析及共享等需求实现积极对接，不断推动生产方式发生变化，柔性制造、网络制造、绿色制造、智能制造日益成为生产方式变革的主要方向。

——加快信息化基础设施建设。全力落实宽带中国战略，构建宽带、融合、安全、泛在的下一代国家信息基础设施，加强数据中心、移动互联网开放应用支撑平台等高端应用类基础设施建设。加快发展工业大数据分析平台，着力推进相关服务企业和服务平台的开放和发展。

——着力突破智能制造关键技术。要顺应"互联网+"的发展趋势，以信息化与工业化深度融合为主线，实现高档数控机床、工业机器人、核心智能测控装置与部件等智能制造关键装置的自主可控（安全可控）和规模应用，突破智能机器操作系统和核心芯片等关键技术，在重点领域大力推广和部署工业互联网，实现软硬件、整机和工业应用协同发展，打造安全可控的智能制造应用生态。

——培育发展信息技术驱动的新产品、新业态和新模式。积极引导和支持制造业充分利用信息技术创造新价值。在高端家电、服装、电子制造等行业重点发展规模化个性定制，在机械、汽车、工程装备等行业重点发展服务型制造。推进网络化生产组织模式，鼓励基础电信企业和互联网企业积极参与相关网络协同平台的建设。

——选择重点领域分层次分类别推进制造企业信息化转型升级。对信息化程度比较高、基础较好的企业，应着力推广智能工厂、数字化车间等先进生产组织模式，以点带面，使智能化生产技术与模式成为引领工业升级的引擎。鼓励信息化程度较弱的企业打好网络化和数字化的基础，推动信息化服务向企业的有效渗透，降低企业应用信息技术，开展创新模式和创新业务的成本。

三、生态文明建设的新型工业化发展工程科技支撑

推进源头削减和末端治理的有机结合，开发和突破一批工业绿色发展的关键技术，优化工艺流程，推动工业行业间及与社会间的物质/能量链接，深化信息技术在工业过程的应用，提高资源（能源）利用水平和降低排放。建设和实施引领性重大工程及相关示范项目。

（一）工业领域重点推广的通用节能、环保和资源综合利用技术

"十三五"期间，在工业领域应加快创新、示范应用，以及重点推广的节能、环保及资源综合利用技术，详见附录一。

节能技术。大力发展和推广高效节能锅炉窑炉、电机及拖动设备、余热余压利用、高效储能和节能监测等节能新技术和装备。重点开发高效内燃机和混合动力汽车，变频调速、高效电机等电气驱动系统节能技术，蓄热式高温空气燃烧等高效锅炉窑炉技术，高效换热器及系统优化等能源梯次利用技术，中低品位余热余压回收利用技术，能源优化技术等。

环保技术。加大技术创新和集成应用力度，推动水污染防治、大气污染防治、土壤污染防治、重金属污染防治、有毒有害污染物防控、垃圾和危险废物处理处置、环境监测仪器设备的开发和产业化。重点开发膜技术、生物脱氮、重金属废水污染防治、污泥处理处置等污水处理关键技术，焚烧烟气控制系统、渗滤液处理等垃圾处理技术，高效除尘、烟气脱硫脱硝等大气污染控制技术，有毒有害污染物防治和安全处置技术，电子电气产品有毒有害物质替代与减量化技术，基于"互联网+"和大数据的环境监测技术，环境应急技术，重金属污染治理与土壤修复等成套技术及装备，新型高效环保材料、药剂等。

资源（能源）综合利用技术。大力发展源头减量、资源化、再制造和产业链接等新技术，推进产业化，提高资源产出率。重点开发低品位共伴生矿产资源高效选冶、稀贵金属分离提取技术，大宗固体废物大掺量高附加值利用、废弃电器电子产品资源化利用、废旧材料分离与改性、废旧车用动力电池及蓄电池回收处理和利用、

汽车零部件及机电产品再制造技术，城市及产业废弃物的生产过程协同资源化处理和资源化利用，循环利用产业链接技术等。

（二）开发和突破钢铁、有色金属、石化、化工、建材、造纸和装备制造等传统高耗能高排放行业绿色化转型的关键技术

鉴于钢铁、有色金属、石化、化工、建材、造纸和装备制造等行业是资源能源消耗和污染排放的大户，在这些领域推广新技术尤为重要。

适应新的资源或利用劣质原料的关键技术。重点推广钢渣高效处理利用、环保高效的再制造无损拆解与绿色清洗等技术；开发适应劣质矿粉原料的成块技术优化、固体废弃物提质改性制备生态胶凝材料等技术；突破粉煤灰综合利用生产氧化铝的、磷矿石伴生资源（氟、硅、碘、砷、稀土）回收利用、污泥的资源化利用等技术。

多种污染物协同减排、重金属污染减量化和有毒有害原料替代技术等。重点推广高浓度 SO_2 烟气制酸及硫酸生产余热回收、低浓度 SO_2 烟气高效处理，废水厌氧-好氧生物处理、高级氧化深度处理等技术；开发烧结烟气污染物协同控制、焦化酚氰废水治理及资源化利用、利用可燃废弃物作为替代燃料、非木浆黑液高浓度提取及蒸发等技术；突破废水处理过程化学品的二次污染研究。

能源高效利用工艺和技术。重点推广高温高压干熄焦、富氧燃烧技术和蓄热式燃烧、冶金煤气集成转化和资源化高效利用、高效强化拜耳法、新型水煤浆气化、大型粉煤加压气化、木浆快速热置换蒸煮等技术；开发炼焦煤调湿、低温余热利用、粉煤灰提铝、非木浆快速热置换蒸煮等技术；突破换热式两段焦炉、高效储能电池等技术。

提高流程运行效率的两化融合关键技术。重点推广能源管控中心及优化调控、原油混输与调合等供应链优化和基于工业互联网的机械设备健康能效监测诊断系统等技术；开发新型结构电解槽优化、整体煤气化、制氢、一氧化碳燃烧供热系统集成、在线质量控制、机械装备状态监测与故障诊断、自愈调控与节能调优等技术；突破企业物质流和能量流协同优化技术及能源流网络集成、装备智能化控制、智能化高能束柔性再制造成形及数字化加工，利用物联网、云计算、大数据、新一代移动互联网通信等信息技术。

绿色产品设计和开发。重点推广高炉长寿、重型压力容器节能及轻量化、装备基于生命周期评价的绿色设计与分析等关键技术；开发以提高装备运行能效为目标

的大数据支撑设计平台、工业装备与过程匹配自适应设计、绿色产品应用等技术；突破新型碳材料生产技术、新型低碳高标号水泥熟料生产技术、高效纳米纤维素的生产技术与材料利用、装备大数据支撑设计平台、工业机器人的控制系统开发与关键部件的研发。

工业生产减排、回收和利用 CO_2 技术。重点推广新一代石化行业恶臭治理、污水深度处理、低浓度有机气体的催化燃烧和挥发性有机化合物（VOC）减排，造纸行业漂白化学热磨机械浆等各行业清洁生产关键技术；开发铝电解多氟化碳（PFC）减排技术等；突破高效率、低成本 CO_2 捕集、回收、存储和利用技术，构建 CO_2 用于微藻培养、微藻吸收工业废气中的 NO_x、微藻用于制油等一体化循环经济产业链工程研发，水泥工业的 CO_2 捕集与资源化利用技术等。

根据以上 6 个方面，分别按照"重点推广技术；完善后推广技术；前沿探索技术"等三类关键技术（见附录一），形成分类指导、重点推进和示范带动的持续规划和计划。

（三）推进引领性重大工程及示范项目的建设

实施引领性重大工程及示范项目是推进生态文明建设的新型工业化、实现工业绿色发展的重要手段和途径（见附录二）。

1. 节能环保系统集成优化工程

通过采用高效节能产品与装备，集成余热余压利用、热电联产和信息化等技术，优化工业生产工艺，降低生产能耗；以大气污染治理技术和装备、水污染治理成套技术和装备、固体废物处理技术与装备及在线监测技术和仪器仪表为重点，实施一批产业化示范工程。推进环保技术和装备的开发与示范应用；通过建设"城市矿产"示范基地，提升废钢铁、废有色金属（稀贵金属）、废橡胶、废轮胎、废电池等再生资源利用技术和成套装备产业化水平，推进大宗固体废物、共伴生矿等工业废弃物的循环利用。

"十三五"期间，在节能环保系统集成优化方面重点推进以下几个示范带动项目。
——能源管控中心和环保监测系统示范。
——高效锅炉窑炉、余热余压利用、热电联产、电机系统和大容量低成本蓄能等技术产业化示范。
——烟气脱硫脱硝、机动车尾气高效净化等大气污染治理装备产业化示范。

——高效垃圾焚烧和污泥处理处置等固体废物处理装备产业化示范。

——污水深度处理、重金属污染防治、土壤污染防治等技术的开发与示范。

——"城市矿产"、废弃物资源化利用示范基地。

钢铁行业：烧结烟气净化余热回收高效一体化示范项目，具有分布式能源特征的绿色、低碳焦化工业示范项目。

有色金属行业：冶炼废渣、废水中砷资源化技术示范项目，有色金属冶炼废水有价金属回收及深度处理回用技术示范项目。

石化行业：本质环保、本质安全炼化企业构建工程示范项目，炼化企业能量系统集成与优化工程示范项目。

化工行业：煤基车用醇醚燃料（聚甲氧基二甲醚等）示范项目。

建材行业：高能效低污染先进烧成技术示范项目，大宗固废无害化安全处置和资源化利用示范项目。

造纸行业：废纸高效循环利用、制浆造纸过程固废资源化高效利用集成技术示范项目，节能高效高速板纸机及高速文化纸机的关键技术集成示范项目。

2. 绿色工艺改造及产品创新工程

通过推广能源系统优化技术和装备，改造和优化钢铁、有色金属、石化和化工、造纸等高耗能、高排放行业生产工艺流程，提高能源利用效率，提高产品成品率，降低污染物排放。对节能效果好、应用前景广阔的关键产品或核心部件组织规模化生产，提高研发、制造、系统集成和产业化能力。

"十三五"期间，在绿色工艺改造及产品创新方面重点推进以下几个示范带动项目。

有色金属行业：两步炼铜高效清洁短流程技术示范项目。

石化行业：新一代满足"京Ⅵ"标准车用汽柴油生产示范项目，绿色、高效的百万吨级芳烃生产成套技术示范项目。

化工行业：煤基芳烃及下游新材料清洁生产示范项目。

建材行业：干法水泥生产工艺节能减排改造示范项目，浮法玻璃生产工艺全面提升改造示范项目，陶瓷生产湿改干工艺创新示范项目，高品质、功能化产品发展示范项目，新一代玻璃熔制技术创新示范项目。

造纸行业：非植物纤维原料的高效绿色化利用示范项目，植物生物质能源示范项目，植物组分的绿色高效分离及高值化利用技术示范项目，与纸浆造纸过程密切相关的纳米纤维素材料制造与应用性示范项目。

3. 绿色产业生态链接工程

以节能技术、环保技术及资源循环利用技术为支撑，突破传统产业局限，实现行业之间及行业与社会的生态链接，提高资源能源利用效率。

"十三五"期间，在绿色产业生态链接方面重点推进以下几个示范带动项目。

钢铁行业：构建钢厂焦炉煤制气制氢与石化行业的循环经济生态链，建设沿海钢铁-石化基地循环经济示范项目（广东湛江东海岛）与城市共生钢铁企业示范项目（城市钢厂利用城市中水及钢厂低温余热给社区供热）。

有色金属行业：利用高含铝粉煤灰可生产氧化铝示范项目。

化工行业：节水灌溉设备示范项目，农业废弃物资源化利用示范项目；新型农业循环发展集成试验基地。

4. 信息化、智能化提升改造工程

提高工业软件、云计算软件、智能终端软件等关键软件的开发与示范，提升工业流程工艺和工业装备的智能化水平，建立智能化工厂和数字矿山，实现工业企业管控一体化。

"十三五"期间，在信息化、智能化提升改造方面重点推进以下示范带动项目。

钢铁行业：钢厂物质流和能量流、信息流协同优化示范项目。

有色金属行业：矿山数字化建设示范项目，基于全数字化智能槽控机的铝电解企业管控一体化系统的构建与应用技术示范项目。

石化行业：智能化工厂示范项目。

建材行业：高效智能化控制与管理技术示范项目。

消费品行业：大规模个性化定制示范项目，网络化协同研发示范项目。

装备行业：数字化车间示范项目，智能装备全生命周期管理与远程运维示范项目。

信息行业：工业软件、云计算软件、智能终端软件、信息安全软件等关键软件的开发与示范项目。

5. 工业装备优化提升工程

通过新型传感、高精度运动控制、故障智能诊断等关键技术的开发，提高工业装备制造业智能化、信息化水平，推进智能制造技术和装备在工业领域中的示范应用，提升工业装备技术水平。建立工业行业再制造工程（技术）研究中心和工业装备在役再制造产业化示范基地，促进工业装备制造业发展。

"十三五"期间，在工业装备优化提升方面重点推进以下几个示范带动项目或基地。

——柴油发动机数字化快速铸造车间应用示范项目。

——绿色热处理清洁生产示范项目。

——石化机械在役再制造工程示范基地。

——过程工业装备网络化健康能效监测诊断示范基地。

——压缩机再制造示范项目。

——钢铁冶金设备再制造示范项目。

——大型、先进、高效、低投资和节能环保的造纸成套装备制造与推广应用工程。

——再制造工程（技术）研究中心及产业化示范基地。

第四章　推进生态文明建设的新型工业化发展建议

一、完善法律法规政策体系

完善节能减排的法律法规。加快制定和修改能源生产和转换、资源节约和利用、生态环境保护等方面的法律法规。完善《中华人民共和国节约能源法》（以下简称《节约能源法》）相关配套政策措施，尽快完成《中华人民共和国环境保护法》（以下简称《环境保护法》）（2014修订）实施细则的研究制定工作；出台《排污许可证管理条例》等相关法规。

健全节能环保产业发展的政策。设立节能环保产业发展基金，重点支持产业基地内的基础设施、重点项目、科研开发、公共服务平台和创新能力建设；加大金融机构对节能环保产业的融资支持力度，发挥资本市场对节能环保产业融资的支持作用；培育龙头企业，引领产业发展；加强产业发展人才队伍建设，推动产业可持续发展。

促进生产性服务业发展政策。设立生产性服务业发展基金，支持建立公共服务平台，引导社会资金对科技服务、信息服务等服务业的投入；扩大政府采购服务产品范围，将信息服务、节能服务等纳入政策采购的范畴；支持符合条件的服务业企业上市融资和发行债券；工业企业退出的土地优先用于发展服务业；生产性服务业用电、用水、用气、用热与工业同价。

制定支持中小企业绿色发展政策。针对当前我国中小企业发展过程中存在的一系列"瓶颈"和障碍，同时借鉴国外促进中小企业发展的经验和做法，从优化实体经济建设、完善中小企业服务体系、构建多层次的中小企业绿色融资体系和加快管理、技术咨询服务等方面进一步完善中小企业服务和政策体系，促进中小企业在经济调整过程中实现持续、稳定、绿色、健康发展。

制定促进绿色低碳技术创新和成果产业化的政策措施。尽快落实《装备制造业调整和振兴规划》实施细则，建立使用国产首台（套）装备的风险补偿机制，鼓励保险公司开展国产首台重大技术装备保险业务；进一步运用贴息、担保、奖励等财政政策，落实鼓励科技创新的税收优惠政策，实施知识产权质押等金融政策；大力支持绿色低碳技术的试验示范。适时开征碳税，为绿色低碳技术创新和规模应用提供稳定的价格信号。

完善进出口环节税收政策，限制高能耗产品出口。继续严格限制化工、钢铁、有色金属、建材等重化工行业的初级和低附加值产品的直接出口；严格限制焦炭、生铁、钢坯、低附加值钢材、磷矿、磷肥等产品的出口，高耗能产品出口少退税；鼓励加工成高端制成品和机电产品间接出口；鼓励废钢、废旧有色金属资源和废纸等的进口；鼓励到国外建钢厂、石化厂和化工厂。

二、严格节能环保标准

完善节能环保标准体系。逐步提高重点用能产品能效标准、重点行业能耗限额标准；制定大型公共建筑能耗限额标准及主要耗能行业节能设计规范，节水、节材、废弃物回收与再利用标准；完善清洁生产审核标准和重点行业污染物排放标准、水污染治理技术规范，适时增加标准中污染物项目数量，修订污染物排放限值，同时增强节能减排标准的适用性和有效性。出台切实可行的节能环保产业的行业、技术、产品、服务标准。

创新节能减排标准实施机制。建立完善、及时更新的节能减排标准数据信息系统，增强标准研究、制定和效果评估所需数据的获取能力。开展节能减排标准实施后评估研究，全面量化标准对节能减排工作的效果和作用。

三、完善有利于新型工业化发展的市场机制

完善能源和主要资源的定价体系。逐步实现竞争性能源领域的市场定价，自然垄断环节要根据明晰的规则进行监督；推进水资源、矿产资源、能源价格形成机制的市场化改革，使价格能充分反映稀缺程度与社会成本，避免地方政府人为压低资源价格吸引投资或补贴本地企业；价格交叉补贴要逐步实现"暗补"向"明补"转变，并最终取消交叉补贴，转而由公共财政提供基本能源消费补贴。

调整财税体制。理顺中央与地方之间的利益分配机制，进一步建立健全完整的、各级政府财力与事权相匹配的财税体制。发挥惩罚性税收政策对高耗能企业扩大节能环保需求的引导作用；加快完善资源税收制度；研究环境税收制度；逐步提高资源、能源的消费税率。

逐步建立碳排放交易体系。分阶段有序地建立碳排放交易体系；建设碳交易市场，逐步形成碳交易的价格体系；协调碳排放交易体系与碳税的关系。

推动产业政策"转型"。在产业政策取向上，从"干预微观经济和限制竞争"转向"放松管制与维护公平竞争"，建设公平竞争的市场环境，扩大经济主体的自由度；产业政策的重点应从通过行政管制提高集中度与打造大规模企业，转为对企业研发与创新行为、提升劳动者技能与职业培训的普遍支持。

发展节能环保市场服务体系。主要包括加快完善环境服务价格形成机制，推广环境绩效合同服务；环保产业要从污染物的末端治理向前、后两个方向延伸服务，持续创新市场化服务模式；创新税收制度，发挥鼓励型税收政策对节能环保产业发展的促进作用；发挥惩罚型税收政策对高能耗企业扩大节能环保需求的引导作用；规范市场环境，促进产业健康发展。

四、改善政府调控，加强监督执法

强化对政府节能减排目标的责任，形成倒逼机制。对节能减排目标进行考核，建立健全行业节能减排工作评价制度。将考核结果作为领导班子综合考核评价的重要内容，纳入政府绩效管理，落实奖惩措施，实行问责制。

加强化解产能过剩的举措，实行总量控制。建立产能利用率定期发布制度，定期发布主要工业行业产能、产量和产能利用率数据，引导企业的投资行为；实行产能过剩行业总量（规模）控制；建立落后产能退出补偿机制，解决淘汰落后产能企业的职工安置、企业转产、债务化解等问题；支持企业跨地区、跨行业兼并重组，降低重点行业中主要产品的单位能耗水平，提升产品的档次和附加价值，化解产能过剩。

严格执法，完善节能减排监管体系。严格节能环保执法，严肃查处各类违法违规行为，做好行政执法与刑事司法的衔接，依法加大对环境污染犯罪的惩处力度；认真落实执法责任追究制；加强对政策落实情况的监督检查。建立完善的监督管理体系，完善节能减排统计、监测、考核体系，健全节能减排预警机制；加强监管队伍能力建设，提高执法效果；强化严重产能过剩行业的环境监管；创新节能减排标准实施监管机制，在能效标识制度、节能产品认证制度实施的基础上，加大对大气污染物综合排放标准、污水综合排放标准，以及强制性单位产品能耗限额标准实施的监督检查力度；加强市场监管、产品质量监管，加大社会监督、群众监督、舆论监督的力度。

五、加快建立以企业为主体的技术创新体系

加强公共研发机构和试验平台建设。支持建设公共研发机构和试验平台，使其具有从基础研究、技术开发、试验示范到检测认证全过程的试验能力，并且对企业、大学、其他研究机构开放，以解决共性技术供给能力不足的问题。支持骨干企业与科研院所、高等学校建立联合开发、优势互补、成果共享、风险共担的产学研用合作机制，承担产业技术研发创新重大项目，加强基础研究、应用研究、技术创新和应用推广的有机衔接。

加快建立以企业为主体的技术创新体系。支持企业建立研发机构，在行业骨干企业中建立一批国家工程（技术）研究中心、国家工程实验室，开展成果工程化研究；引导企业建设国家重点实验室，围绕产业战略需求开展基础性研究。提高企业技术创新的投入保障能力，对支持企业技术创新的财税、金融政策要落实到位。建立以企业为主导的国家产业技术研发项目评审方式，从根本上改变研而不用，用非所研的情况。

主要参考文献

曹淑敏. 2012. 中国"两化"融合发展报告(2012). 北京: 社会科学文献出版社

工业和信息化部电信研究院. 2014. 新一代信息技术与新产业革命

工业和信息化部信息化推进司. 2014. 全球互联网与工业融合态势研究

工业和信息化部政策法规司. 2014. 互联网与制造业跨界融合趋势研究

国家统计局. 2013. 2012 年国民经济和社会发展统计公报. http: //news.xinhuanet.com/politics/2013-2/
　　23/c_114772758.htm[2013-2-22]

国家统计局. 2014. 2013 年国民经济和社会发展统计公报. http: //www.stats.gov.cn/tjsj/zxfb/201402/
　　t20140224_514970.html[2014-2-24]

国家统计局能源统计司. 2013. 中国能源统计年鉴(2013). 北京: 中国统计出版社

国瑞沃德(北京)低碳经济技术中心. 2013. 中国工业节能技术进展报告(2013)

林伯强, 杜克锐. 2013. 要素市场扭曲对能源效率的影响. 经济研究, (9): 125-136

刘凤强. 2014. 工业锅炉发展现状及趋势. 应用能源技术, (5): 19-20

齐晔. 2014. 中国低碳发展报告(2014). 北京: 社会科学文献出版社

任悦平. 2014. 佛山"城市矿产"示范基地建设为何难以为继. http: //gd.people.com.cn/n/2014/1104/c/
　　23932-22809062.html[2016-5-3]

孙秀艳. 2014. 国家水专项第一阶段突破关键技术千余项. http: //scitech.people.com.cn/n/2014/0416/c1007-
　　24900522.html[2014-4-16]

新时期中国工业的发展与管理编委会. 2013. 新时期中国工业的发展与管理. 北京: 电子工业出版社

徐海丰. 2014. 世界炼油行业 2013 年回顾与趋势展望. 国际石油经济, 22(z1): 50-56

徐伟. 2014-4-19. 公共机构节能动力从哪里来. 中国经济导报, 第 C03 版

薛文博, 付飞, 王金南, 等. 2014. 基于全国城市 $PM_{2.5}$ 达标约束的大气环境容量模拟. 中国环境科学,
　　34(10): 2490-2496

中国社会科学院工业经济研究所. 2013. 中国工业发展报告(2013)——稳中求进的中国工业. 北京: 经
　　济管理出版社

中国社会科学院工业经济研究所. 2014. 中国工业发展报告(2014)——全面深化改革背景下的中国工业.
　　北京: 经济管理出版社

中华人民共和国人民政府. 2012. 电子信息制造业"十二五"发展规划. http: //www.gov.cn/gzdt/2012-2/
　　24/content_2075829.htm[2012-2-24]

绿色交通篇

第五章　绿色交通运输体系建设的内涵、特征与影响因素

一、绿色交通运输的内涵

1994 年，Chris Bradshaw 提出了绿色交通体系（green transportation hierarchy）这一概念，将绿色交通工具按能耗进行优先级排序，级别最高的包括自行车、步行等绿色交通方式，下面依次是：轨道交通、常规公交，空载率低的私人小汽车级别最低。Chris Bradshaw 还阐述了绿色交通理念，即通过大力优先发展绿色交通方式，合理限制私人小汽车的使用，缓解城市交通拥堵，净化居民出行与居住环境，降低交通系统资源消耗。

绿色交通理念被提出后，迅速得到了广泛关注。关于绿色交通的定义，目前尚无统一的说法。但从绿色交通的相关研究看，它与解决环境污染问题的可持续发展概念是相通的，都强调全社会交通的"绿色发展"，即减轻道路拥堵，减少交通对环境的污染，最大限度地促进社会公平，合理利用自然资源。

综合关于绿色交通的有关研究，可以概括为，绿色交通的目标是建立一个便捷、舒适、有序、低污染、高能效的可持续交通系统，以达到降低交通运输污染物的排放、减少居民出行费用的目的，并最终促进交通运输与资源、环境、经济、社会的协调发展。

二、绿色交通运输的特征

绿色交通运输主要表现为以下几个特征。

一是低碳性。交通运输业的低碳化是一个相对"减碳"的过程。由于运输工具必须依赖能源，碳排放将长期持续，除非使用如氢燃料等洁净能源，否则难以实现交通运输的无碳化，只能是一个相对减碳的过程。

二是技术性。通过技术进步，在提高能源效率、开发和应用新型替代能源的同

时，降低温室气体的排放强度。

三是阶段性。绿色交通运输体系建设是一个长期的发展过程，是一种长期发展愿景，向绿色交通转型的过程具有阶段性特征。

四是目标性。全球正致力于达成一个有约束力的 CO_2 排放控制目标，这使得绿色交通发展具有明确的目标"倒逼"特点。每个国家、每个企业乃至每个公民，都有共同参与、共同行使绿色低碳目标的义务，从而实现人与自然绿色和谐发展。

从效果来看，发展绿色交通对环境、社会、经济发展都带来积极的作用。

——在自然环境方面：减少人类生活空间的噪声；减少空气污染排放与酸雨；减少城市阴霾；减少路面尘埃。

——在社会方面：增进个人运动与健身；提高市区生活品质；减少交通肇事的生命损失；减少交通拥挤所损失的时间。

——在经济方面：降低能源消耗费用；减少能源短缺的伤害；活化邻近商业活动；降低健康照料的费用；减少交通时耗；降低所有交通费用。

三、绿色交通运输的主要影响因素

影响绿色交通的因素很多。以交通需求最为集中的城市为例，影响绿色交通运输的六大直接因素是：交通需求总量、道路网络内机动车数量、机动化交通整体运行状况、机动车单体排放水平、燃油品质、出行者的交通行为特征，如图 5-1 所示。

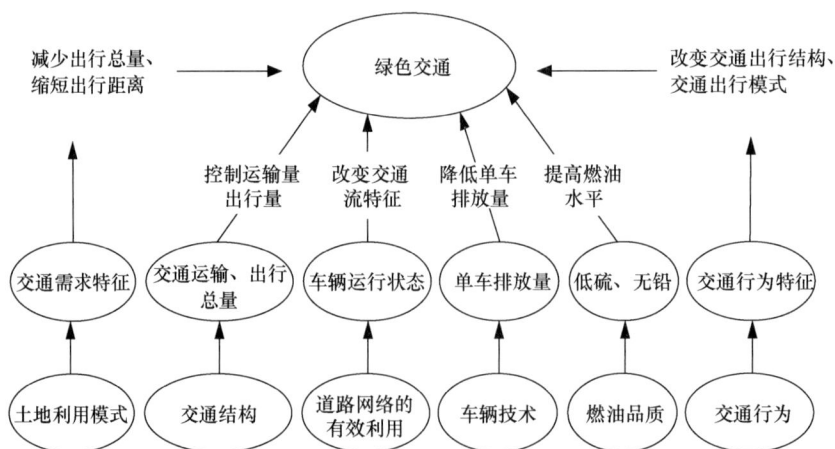

图 5-1　绿色交通的主要影响因素及影响关系

从图 5-1 可以看出：一是城市形态和土地利用模式将会影响城市交通需求总量、时空分布特点、交通出行距离特性等，是影响绿色交通的第一因素。合理的城市形态和土地利用模式，能够减少交通需求总量，以及改变交通需求的若干特性，实现减少交通有害气体排放总量的目的。

二是当城市交通需求总量一定时，通过调整运输装备结构，优先发展城市公共交通，提高车船装备的大型化、标准化和专业化，实现减少汽车尾气排放总量的目的（表 5-1）。

表 5-1　交通运输结构性节能主要措施的节能效果

结构性节能因素	节能效果/%
普通载货汽车吨位每提高 1t	6
开展拖挂运输比单车运输	30
货车车龄每短 1 年	1.4
柴油机车辆比汽油机车辆	15
高速公路比其他等级道路	10～50
2～6 类道路的能耗	10、25、35、45 和 70（以 1 类道路为基数）
油路面比沙石土路	10～15
远洋船队运力结构调整	7
内河船队运力结构调整	10～25
船型结构的优化	20

三是建立合理的道路网络结构，并通过科学的交通管理，实现交通畅通有序的良好运行状态，大量减少怠速、低速、走走停停等不良工况，实现有效减少汽车尾气排放的目的（表 5-2）。

表 5-2　道路运输管理性节能措施的节能效果

管理性节能因素	节能效果/%
提高车辆里程利用率 1%～5%（里程利用率=载运行程÷总行程×100%）	3～15
缓解道路交通拥堵	7～10
建设智能交通系统，提高通行能力	25 左右
严格车辆维修保养水平	5～30
不同驾驶水平油耗差别	7～25

四是通过提高车船技术，制定严格的排放标准，实现降低机动车单车排放量的目的（表 5-3）。

表 5-3   道路、水路运输技术性节能措施的节能效果

技术性节能措施	节能效果/%
减轻车重 10%	8
混合动力系统相对于普通燃油动力系统	10～50
发动机提高 1 个单位的压缩比	7
安装风扇离合器	4～6
子午线轮胎代替普通斜交胎	5～10
高速车辆安装导流板	4～10
专用消声节能器	2～5
使用高能电子点火器	5～12
风帆助航技术	9～16
优化新船型及其主尺度线型	8～15
优选低转速大直径螺旋桨	10～15
优化设计减轻船舶自重	2～3
开发节能型柴油机	12～15
优选桨叶梢与船壳最佳间隙	3～4
采用精确导航系统设备	6～8
采用新型气缸油注油器	23

五是燃油品质的好坏，将直接影响到汽车正常使用和燃料经济性。当前我国燃料品质与国际水平仍有一定差距，尤其表现在车用柴油的质量方面。运输车辆在使用不符合要求的燃油后，车辆性能大大下降，故障率增加，运行油耗大大上升。对于汽车工业飞速发展、车辆保有量快速增加的中国来说，油品问题显得尤为突出。尤其是近年来，新生产车辆为了满足环境保护的要求而不断采用新技术，同时对燃油的品质要求也越来越高。随着机动车污染物排放限值标准的不断加严，当汽车排放污染控制技术发展到一定阶段后，燃油作为一项基础条件，其品质的好坏就成为制约整个清洁汽车行动计划能否落实的关键因素，而汽油无铅化和燃料低硫化将会对机动车排放产生很大影响（表 5-4）。

表 5-4   全国重点推广汽车节能产品发动机台架试验节油数据统计

产品类型	发动机台架试验节油率范围/%
燃油节能添加剂	1.1～2.2
润滑油节能添加剂	1.4～2.9
使用醇类燃油	5～15
调稀混合气类节油产品	2.2～4.6

　　六是人的认识和交通行为是保证实现绿色交通的重要条件。不断提高居民的环保意识，促进城市居民利用公交、自行车和步行方式出行，是实现绿色交通的基本前提和重要举措。

第六章 绿色交通运输体系建设的现状与形势分析

一、交通运输能耗、排放与城市交通现状

改革开放以来，我国交通运输业有了长足发展。到 2013 年年底，铁路、公路、民航、管道、城市轨道交通里程分别达到 10.31 万 km、435.62 万 km、410.60 万 km、9.85 万 km 和 2509.52km，比 2001 年分别增长了 47.2%、156.5%、164.3%、256.9% 和 1095%[①]。在取得举世瞩目成就的同时，交通运输业也给能源环境带来了很大压力，能源消耗、污染物排放快速增长。

（一）国内外交通能耗统计口径的差异

交通运输部门能耗作为重要的能源消费部门，统计口径设定影响着统计工作的可操作性和统计结果的准确性。目前我国交通能耗统计方法与国际通行准则相比，存在较大差异。

国内统计口径方面，国家统计局将交通运输、仓储和邮政业分为铁路运输业、公路运输业、水上运输业、城市公共交通业、航空运输业、管道运输业、装卸搬运、仓储和邮政等子行业。其中铁路运输能耗主要包括牵引能耗（机车能耗）和非牵引能耗（辅助能耗）两大类；公路运输业能耗包括公路客运能耗、公路货运能耗、公路运输辅助活动能耗、公路管理与养护和其他道路运输辅助活动能耗；水路运输业能耗包括水上（远洋、沿海、内河）旅客运输能耗、水上（远洋、沿海、内河）货物运输能耗和水上运输辅助活动（包括港口客运和港口货运）能耗；城市公共交通业能耗包括公共汽电车客运能耗、城市轨道交通能耗、出租车客运能耗、城市轮渡和其他城市公共交通能耗（主要是指摩托车客运、三轮车、人力车客运）；航空运输业能耗主要包括航空客货运输能耗、通用航空服务能耗、航空运输辅助活动能耗（机场、空中交通管理、其他航空运输辅助活动）；管道运输业能耗主要包括管道运输过程中对气体、液体等的运输能耗；装卸搬运业能耗包括装卸搬运和运输代理服务的能源消耗；

[①] 数据来源：《中国统计年鉴》、中国轨道交通网。

仓储业能耗包括专门从事货物仓储、货物运输中转仓储和以仓储为主的物流配送活动中的能源消耗；邮政业能耗包括国家邮政和其他邮递服务过程中的能源消耗。

国外交通运输能耗统计口径方面，国际能源署（IEA）将交通运输部门分为铁路运输、公路运输、国内水上运输、航空运输和管道运输 5 种主要的交通运输子部门。其中，铁路运输能耗为铁路运输活动中的燃料消耗，公路运输能耗为运输活动中的公路运输燃料消耗，国内水上运输能耗包括内河货运或客运燃料消耗和国内海洋航行的燃料消耗，航空运输能耗为航空飞行消耗的燃料量，管道运输能耗为在压缩站或泵站或在燃气、石油或煤浆管道上使用的燃料和电力消耗量。

从我国交通能耗统计方法与国际通行准则两者对比来看，一是在行业划分上存在差异，我国把交通运输、仓储和邮政业划分为一个行业进行统计，而国外交通运输能耗不包括仓储和邮政所消耗的能源。二是从统计范围上存在差异，我国的公路运输能耗只统计了交通运输部门运营车辆的能耗，未统计私人车辆的能耗，而国际统计口径包括了所有交通运输工具的能耗，这部分能耗涉及的数值较大，对于计算交通运输能耗水平有着重要影响。

综上所述，本报告在考虑交通运输行业能耗统计分类时，综合考虑了铁路运输、公路运输、水路运输、航空运输、管道运输、私人乘用车、摩托车、农用运输车等运输方式。根据不同运输用途把我国交通运输能耗统计口径分为货运、城市客运和城间客运 3 个子系统。其中，货运能耗统计包括铁路货运能耗、公路货运能耗、水路货运能耗、航空货运能耗和管道货运能耗五大类，公路货运能耗又包括营运性公路货运能耗、非营运性公路货运能耗和农用运输车货运能耗，水路货运能耗包括营运船舶货运能耗和港口生产能耗；城间客运能耗统计包括铁路客运能耗、公路客运能耗、水路客运能耗和航空客运能耗四大类，公路客运能耗统计又包括营运性公路客运能耗和非营运性公路客运能耗；城市客运能耗统计包括公共交通运输能耗、乘用车运输能耗和摩托车运输能耗三大类，其中公共交通运输能耗统计又包括了公共汽电车能耗和轨道交通运输能耗，乘用车运输能耗统计包括了私家车运输能耗和城市出租车运输能耗。具体如图 6-1 所示。

（二）我国交通运输能源消耗现状与特点①

根据本研究相关测算，我国交通运输行业能源消费呈现以下特点。

① 数据来源：以《中国交通运输统计年鉴》《中国统计年鉴》《中国能源统计年鉴》《全国铁路统计资料汇编》《铁路统计指标手册》和《从统计看民航》的数据为基础计算而得。

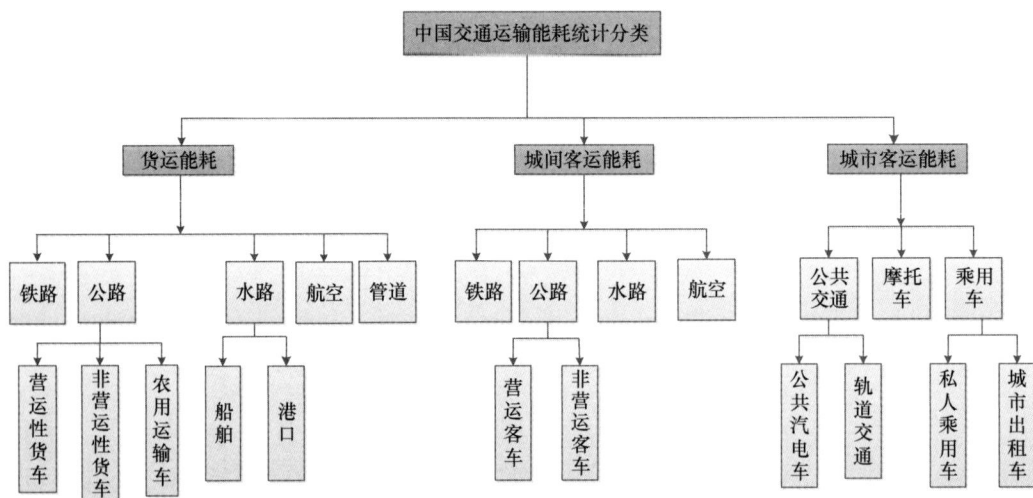

图 6-1　中国交通运输分类

1. 交通运输能耗增长迅速

"十一五"以来，随着我国经济社会快速发展，交通运输需求旺盛，交通运输行业能源消耗总量持续快速增长，从 2005 年的 2.17 亿 tce 增加到 2012 年的 4.54 亿 tce，增加了 109.2%（图 6-2）。由图 6-3 可以看出，交通运输能耗占比呈总体上升趋势，2008 年占比有所下降，这主要由于 2008 年金融危机影响，营运船舶货运周转量有所下降，从而交通运输行业能耗增长趋势放缓，而随着经济形势好转，交通能耗占比稳步增长。其中，2012 年交通运输能源消费量占全国能源消费量的比例为 12.67%，本章中公路运输能耗包括了营运车辆、非营运车辆、城市客运和社会车辆所消耗的能耗，由 2005 年的 1.42 亿 tce 上升到 2012 年的 3.40 亿 tce，增加 139.44%。

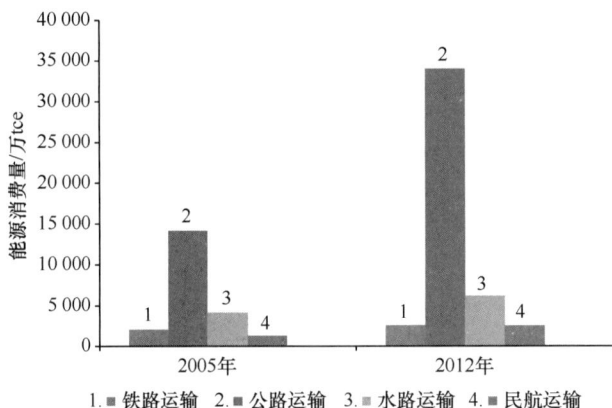

1. ■ 铁路运输　2. ■ 公路运输　3. ■ 水路运输　4. ■ 民航运输

图 6-2　2005 年和 2012 年我国交通运输方式能源消费量

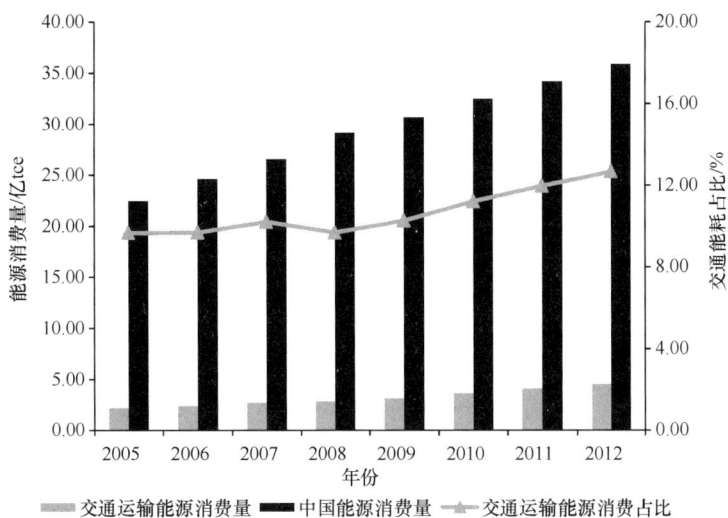

图 6-3 我国交通运输能源消费量和占比情况

2. 交通运输能源消费中，公路能耗占比上升较快，民航能耗占比保持稳定，铁路、水路和管道运输能耗占比呈下降态势

"十一五"以来，各种运输方式均取得了长足的发展，但由于各自发展基础、规模与速度不一，各种交通运输方式能源消费与碳排放的比例结构也随之发生了明显变化，因为公路货运、城市客运和社会车辆的大幅增加，公路运输的能耗占比处于上升趋势。铁路运输、水运运输和管道运输的能耗占比有所下降，民航运输的能耗占比保持稳定，其中公路运输能耗比由 2005 年的 65.17% 上升到 2012 年的 74.85%，铁路、水路、民航和管道运输 2012 年能耗占比分别为 5.64%、13.67%、5.58% 和 0.27%。具体 2005 年和 2012 年不同交通运输方式能源消费结构如图 6-4 所示。

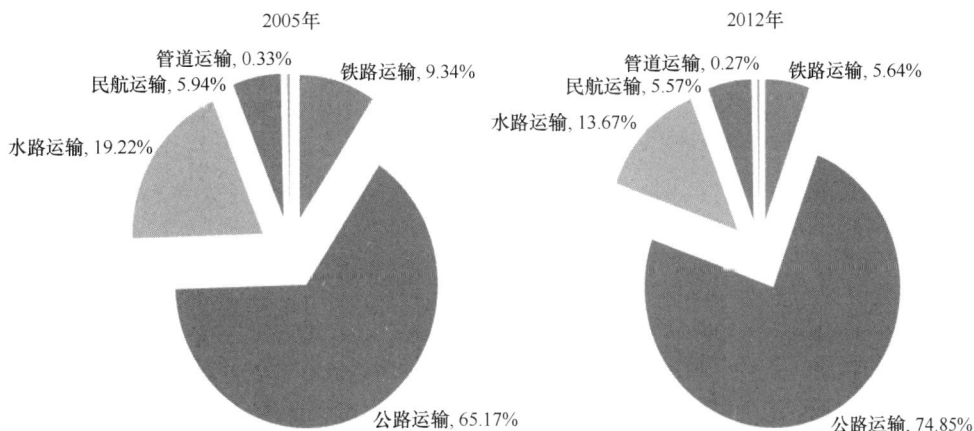

图 6-4 2005 年和 2012 年我国不同交通运输方式能耗结构

不同交通运输方式的能源消费结构主要呈现以下特点。

公路运输能耗仍占绝对比例，且清洁能源和新能源消费有所增加。公路运输能耗中包括了营运性车辆、非营运性车辆、城市客运和社会车辆能耗，一是营业性公路运输柴油比例上升较快。"十一五"以来公路营业性运输能耗量增长幅度最大，由2005年的33.97%上升至2012年38.76%，成为拉动交通运输能耗增长的主力。随着公路运输大型化、标准化的推广，柴油比例逐步上升，汽油消耗下降幅度较大，公路货运汽油比例从2005年的28.25%下降到3.9%，柴油占比从2005年的71.75%增加到96.1%（图6-5），天然气客货运所占比例仍然较小。二是城市客运中天然气清洁能源和电力消费比例大幅增加（图6-6）。近年来由于公路、私家车及社会车辆等其他运输方式发展更为迅猛，城市客运能源消费占全行业比例总体呈下降态势，由2005年的9.32%降为2012年的6.96%。城市公交、出租汽车由于运力规模和运输需

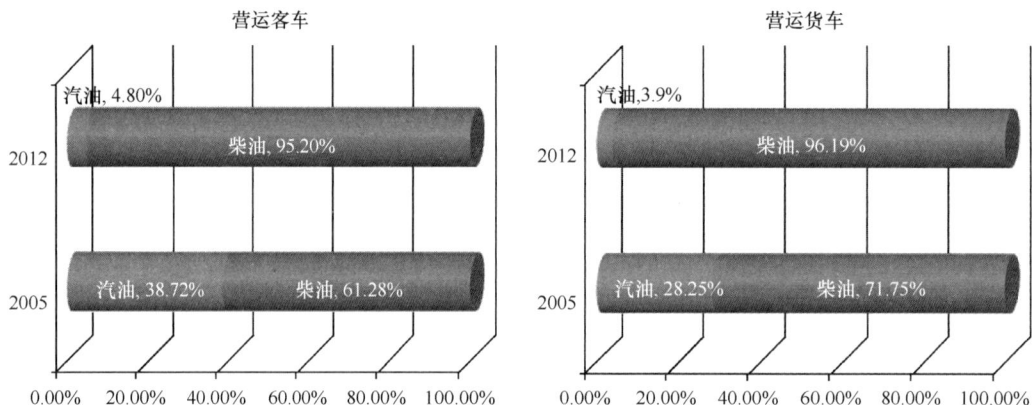

图6-5 2005年和2012年公路营运车辆运输能耗消费结构变化

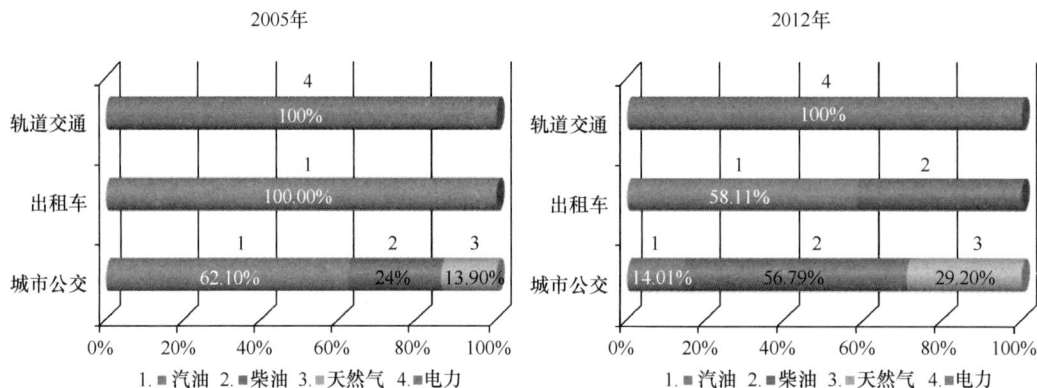

图6-6 2005年和2012年城市客运能源消费结构

求增长较为平稳，随着天然气在城市公交和出租车中的推广，城市客运天然气占比逐步上升；而轨道交通近年来实现了跨越式发展，相应地其能耗所占比例上升较快。

水运所占比例有所下降。随着营运船舶和港口电力技术的推广，电力消费结构有所上升，由图 6-7 可以看出，营运船舶能耗中，燃料油所占比例较大，但呈下降态势，港口电力化趋势逐步增加（图 6-8）。

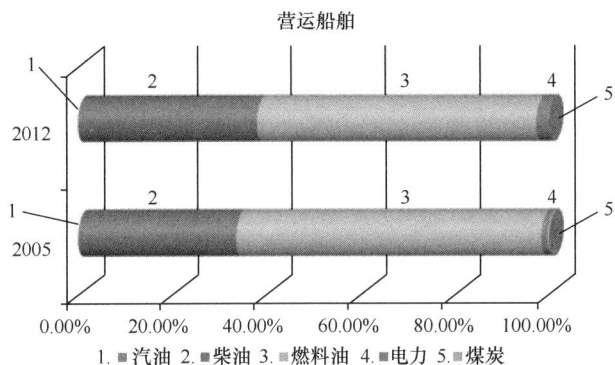

图 6-7 2005 年和 2012 年营运船舶能源消费结构

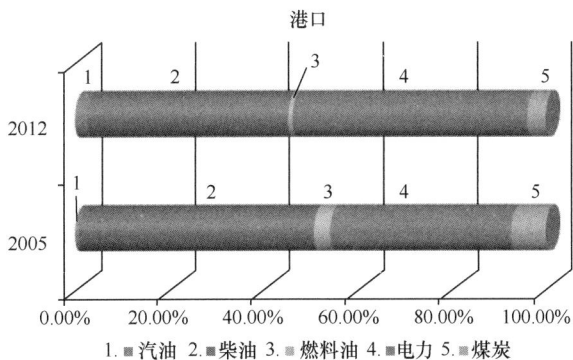

图 6-8 2005 年和 2012 年港口生产能源消费结构

铁路能源消费结构不断优化。最近几年，随着我国高速铁路的快速发展，电气化铁路比例有了大幅度提高，铁路"以电代油"范围进一步扩大，从而使铁路牵引能耗结构发生了明显的变化。牵引能耗中原煤消耗从 2005 年开始就实现了"零"消费。煤电油三者比例关系的改变，表明铁路牵引能源消费方式发生了巨大的变化，铁路也成为迄今为止在综合交通运输方式中牵引能耗结构变动最优的运输方式。图 6-9 所示，铁路运输能耗结构占比中，2005 年开始电耗在总能耗中所占比例开始出现加快提升的趋势，至 2012 年已上升至 57.23%，而燃油消费则出现了明显的下降趋势，已从 2005 年的 42% 下降至 2012 年的 26.49%，这种转变直接推动了铁路行业整个能耗结构的调整和优化。

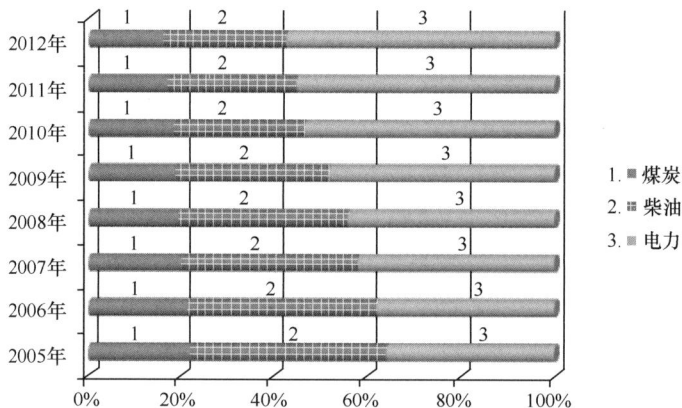

图 6-9　2005～2012 年铁路运输能源消费结构

民航所占比例保持稳定，略有下降。2012 年，民航业能源消耗总量约为 0.2534 亿 tce。我国民航业能源利用和排放呈以下主要特点。

——航油利用效率逐年提高，处于国际先进水平。我国航油利用效率逐年提高，民航运输企业吨公里油耗逐年下降。2000～2005 年吨公里油耗平均每年下降 1.2%，由于机龄和机型方面的优势，我国民航业的燃油效率略高于美国。

——能源结构主次分明，能源消耗以航油为主。航油的消耗量约占全行业能耗的 94%，机场能耗约占 3%，航空公司地面服务能耗约占 2%，民航其他单位的能耗比例不到 1%。机场的主要能耗品种为电能，其次是天然气、燃煤、燃油等。2012 年，吞吐量前十位的机场约占全国机场总吞吐量的 60%，能耗约占全国机场能源消耗总量的 40%。航空公司航油能耗约占航空公司能源消耗总量的 98%，中国国际航空股份有限公司、中国南方航空股份有限公司、中国东方航空股份有限公司三大航空集团占全行业航油消耗的 75% 以上。

3. 交通能源消费以柴油为主，但清洁能源占比正逐步上升

我国交通运输能源消费结构得到初步改善与优化。如图 6-10 所示，2005 年交通运输能源消费结构中柴油占比最大，其次是燃料油、汽油、航空煤油、电力、煤炭和天然气。如图 6-11 所示，柴油占交通运输能源消费比例有小幅提升，汽油占比大幅增加；燃料油已成为交通运输行业的第三大能源消费品种；随着港口装卸机械设

备"油改电"技术推广、城市轨道交通和铁路电气化的快速发展，电力消费量稳步上升，但电力消耗上升幅度未超过交通运输行业总能耗的上涨幅度，所以电力在交通运输行业能源消费中所占比例有所下降；随着天然气清洁能源在城市公交和出租车中的普及应用，天然气消费占比呈稳步上升趋势。

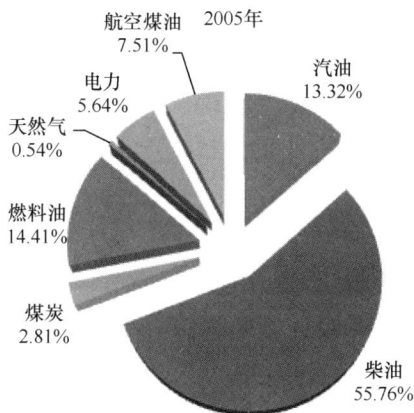

图 6-10　2005 年交通运输能源结构

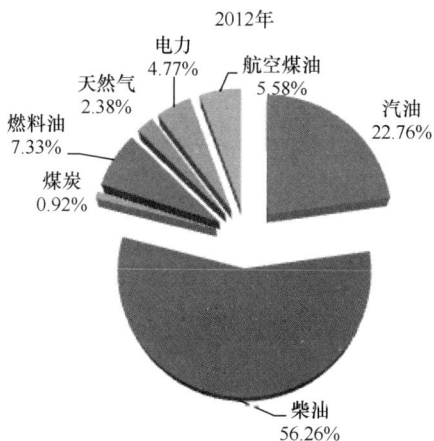

图 6-11　2012 年交通运输能源结构

4. 交通运输单位能耗总体保持下降态势

从货运行业能源消耗强度来看（图 6-12），航空货运单耗最高，其次为公路货运，铁路货运、水路货运和管道货运单耗较低，相对更为节能低碳。从降幅幅度来看，航空货运的能耗强度下降最大；随着车辆技术的不断进步、运输组织化程度不断提高，公路运输能源利用效率不断提升，公路货运单耗也有所下降，由 2005

年的 35.6kgce/千吨千米下降至 2012 年的 32.04kgce/千吨千米；由于高速铁路的快速发展和电气化改造，铁路节能技术和管理水平不断提升，铁路运输低碳化发展成效明显，"以电代油"工程取得了重要进展；民航货运单耗方面，随着我国航空燃油利用效率的逐年提高，航空货运单耗逐年下降，由 2005 年 32.40kgce/百吨千米下降至 2012 年 28.56kgce/百吨千米。

从城间客运能源强度来看（图 6-13），铁路客运的单位运输周转量能耗最低，约

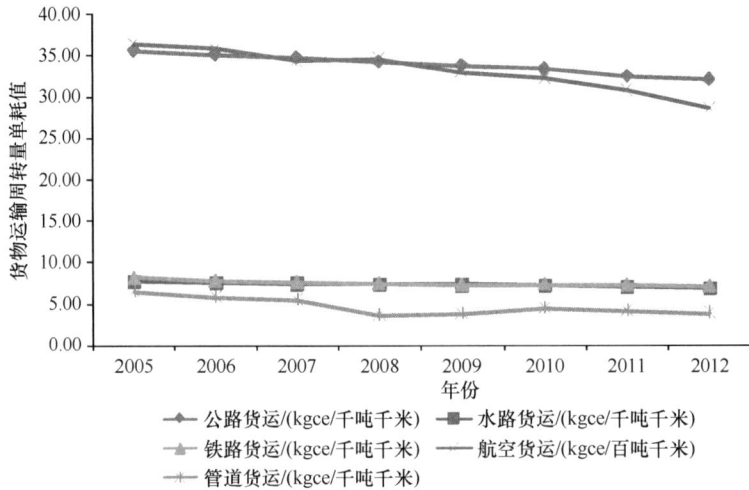

图 6-12　2005～2012 年货运单位能耗情况

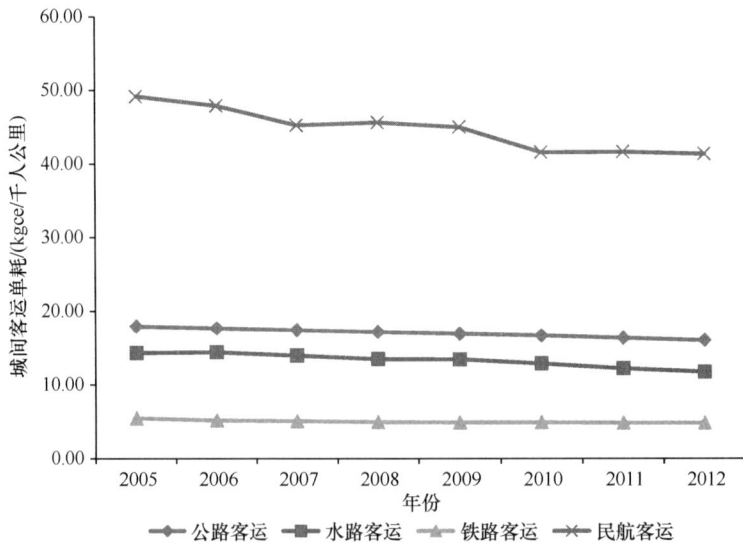

图 6-13　2005～2012 年城间客运单位能耗情况

为公路客运单耗的 0.3 倍，其次是水路客运和公路客运，航空客运单耗最高。公路营运客车单耗由 2005 年的 17.90kgce/千人千米下降至 2012 年的 16kgce/千人千米；航空客运单耗由 2005 年 49.14kgce/千人千米下降至 2012 年的 41.33kgce/千人千米。综合来看，铁路客运已成为城间客运中效率最高的运输方式。

从城市客运能耗强度来看，轨道交通和公共汽电车的单耗较低，出租车单耗较高，如图 6-14 所示，2012 年公共汽电车、出租车和轨道交通的单耗分别为 1.63tce/万人次、5.95tce/万人次和 1.51tce/万人次。具体单位能耗强度见图 6-12、图 6-13 和图 6-14。

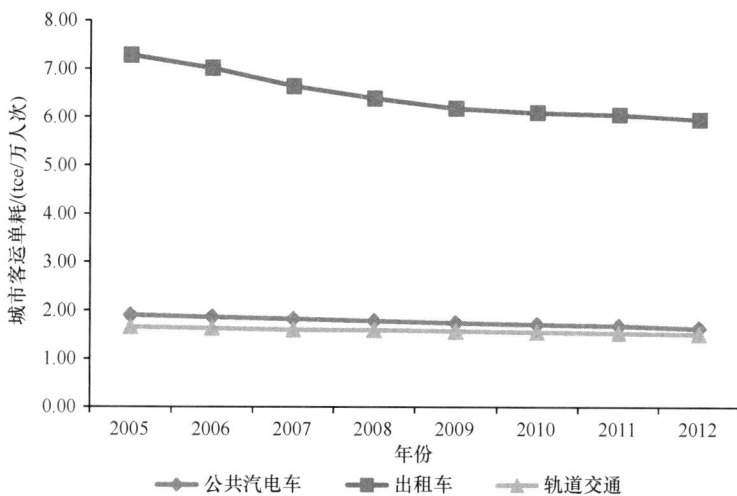

图 6-14　2005～2012 年城市客运单位能耗情况

（三）我国交通运输碳排放现状与特点[①]

根据本研究相关测算，我国交通运输行业碳排放呈现以下特点。

1. 碳排放总量快速增长

与 2005 年相比，2012 年交通运输活动引起的 CO_2 排放占全国 CO_2 排放总量比例有所增加（图 6-15），CO_2 排放量从 2005 年的 4.55 亿 t 增加到 2012 年的 9.26 亿 t，增长了 103.52%，年均增长率达 10.68%；其中，CO_2 排放中公路运输

---

　　① 数据来源：以《中国交通运输统计年鉴》《中国统计年鉴》《中国能源统计年鉴》《全国铁路统计资料汇编》《铁路统计指标手册》和《从统计看民航》的数据为基础计算而得。

行业占比最大，其次是水路运输和民航运输，这主要是由于我国仍处于工业化发展阶段，公路货物运输需求快速增长，因此公路运输 CO_2 排放量仍维持在高位。具体 2005 年和 2012 年铁路运输、公路运输、水路运输、民航运输的 CO_2 排放量见图 6-16。

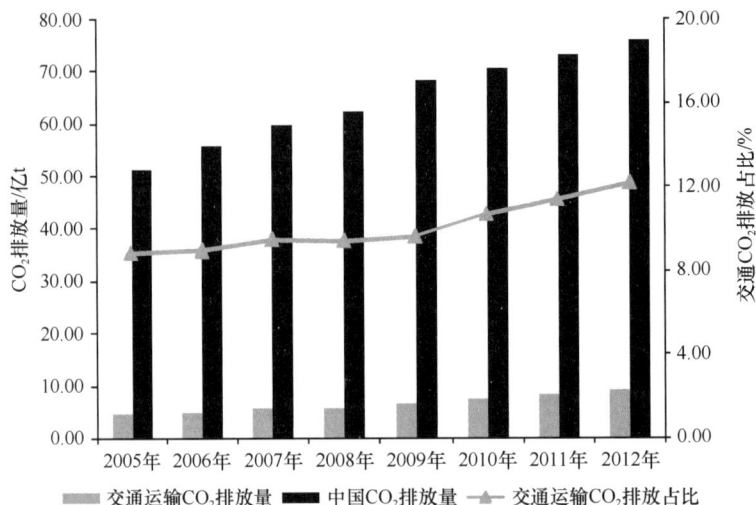

图 6-15　中国交通运输行业 CO_2 排放量占比

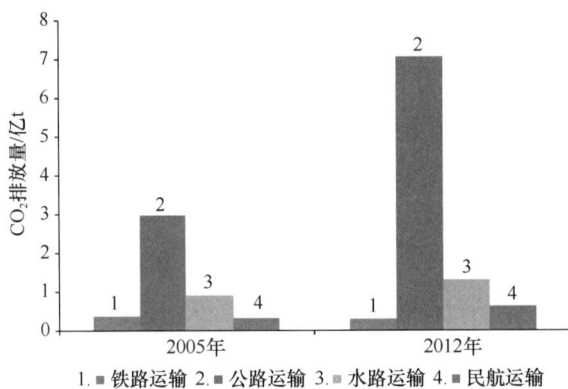

图 6-16　中国交通运输 CO_2 排放量

2. 各种运输方式 CO_2 排放比例结构：社会车辆比例上升较快，水路运输比例保持稳定，城市客运比例呈下降态势

2005 年以来，各种运输方式均取得了长足的发展，但由于各自发展基础、规模与速度不一，各种交通运输方式碳排放的比例结构也随之发生了明显变化，主要呈

现以下特点。

公路运输能耗比例大幅增加，其中营业性公路运输 CO_2 排放占比稳定增长，城市客运 CO_2 排放占比呈略微下降态势，社会车辆 CO_2 排放占比上升较快。"十一五"以来公路运输 CO_2 排放量占比由 2005 年的 65.25% 上升至 2012 年 76.21%；虽然清洁能源及新能源在城市公交、出租车中的应用及轨道交通的快速发展，城市客运 CO_2 排放占全行业比例总体呈下降态势，由 2005 年的 8.93% 降为 2012 年的 4.9%。近年来由于私家车发展更为迅猛，社会车辆 CO_2 排放量增长最为迅猛，占比由 2005 年的 21.41% 快速上升至 2012 年的 24.33%，成为拉动公路交通运输 CO_2 排放增长的主要动力。

水路运输 CO_2 排放占比有所下降。随着营运船舶和港口清洁能源、"油改电"等新技术的推广，水路运输 CO_2 排放占比有所下降。CO_2 排放量占比由 2005 年的 19.82% 下降到 2012 年的 13.99%。

铁路 CO_2 排放比例呈下降趋势。最近几年，随着我国高速铁路的快速发展，电气化铁路比例有了大幅度提高，铁路"以电代油"范围进一步扩大，从而使铁路牵引能耗结构发生了明显的变化，进而使铁路 CO_2 排放占交通运输行业比例有所下降，已从 2005 年的 7.95% 下降至 2012 年的 3.07%。

民航 CO_2 排放占比保持稳定。"十一五"以来，随着民航旅客运输和民航货运的增加，以航空煤油消费为主的民航业 CO_2 排放比例总体保持稳定，能耗占比从 2005 年的 6.98% 变为 2012 年的 6.72%。

2005 年、2012 年不同交通运输方式占比如图 6-17、图 6-18 所示。

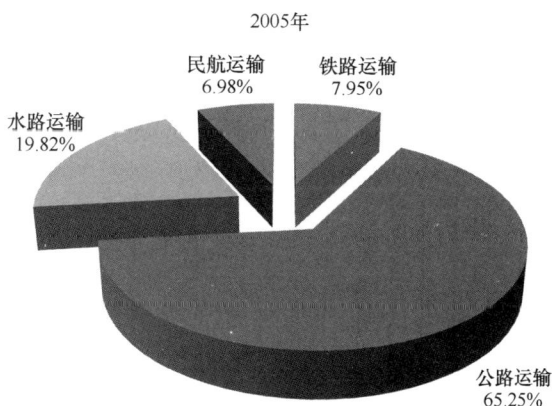

图 6-17 2005 年不同交通运输方式 CO_2 排放占比

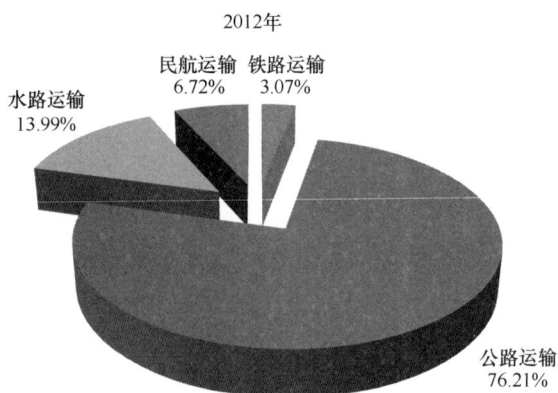

图 6-18　2012 年不同交通运输方式 CO_2 排放占比

（四）我国机动车尾气排放现状与特点[①]

1. 城市交通的污染物排放迅速增加

尽管我国机动车排放标准不断提高，但由于私人小汽车及出行量迅速增加，城市交通的污染物排放量持续攀升，空气污染日趋严重。2012 年，全国机动车保有量达到 2.24 亿辆，全国氮氧化物排放量达 2337.8 万 t。其中，机动车氮氧化物排放量 640.0 万 t，占全国氮氧化物排放总量的 27.4%。机动车排放是 $PM_{2.5}$ 的重要来源，机动车不仅直接排放 $PM_{2.5}$，而且尾气排放的氮氧化物、碳氢化合物，会经过复杂的化学反应转化成为 $PM_{2.5}$。据北京市环境保护局监测，2013 年北京市机动车尾气排放的 $PM_{2.5}$ 约占全市 $PM_{2.5}$ 排放总量的 31.1%（图 6-19）。2013 年以来，雾霾天气频发，

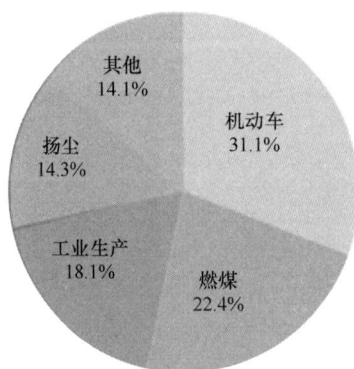

图 6-19　2013 年北京 $PM_{2.5}$ 来源比例情况

---

① 数据来源：《2013 年中国机动车污染防治年报》《全国环境统计公报》及北京市环境保护局监测数据。

多地 $PM_{2.5}$ 污染严重，交通污染已成为很多大中城市空气污染的主要来源，机动车排放的一氧化碳（CO）、碳氢化合物（HC）等占排放总量的 40%～75%，氮氧化物（NO_x）和臭氧（O_3）超标严重，空气质量严重恶化。机动车排放的高浓度 CO 和 NO_x 主要出现在城市主要道路两侧和交通密集区域，司机、交通警察长期处于空气污染严重的环境中，乘车者、骑车者和行人也深受道路空气污染的危害。光化学烟雾是大气中 NO_x、HC 和氧化剂在日光作用下形成的二次污染，对人体危害较大，甚至会有生命危险。随着我国机动车的快速发展，今后一些城市发生光化学烟雾污染事故的可能性加大。

2. 机动车污染排放总量增长迅速

机动车污染排放已成为我国空气污染的重要来源，是造成灰霾、光化学烟雾污染的重要原因，机动车污染防治的紧迫性日益凸显。当前，我国机动车尾气污染问题日益严重。2011 年，我国汽车产销量保持高速增长，全年产销量分别达到 2372.29 万辆和 2349.19 万辆，产销量保持世界第一[①]。监测表明，随着机动车保有量的快速增加，我国城市空气开始呈现出煤烟和机动车尾气复合污染的特点。根据《2013 年中国机动车污染防治年报》，2012 年全国机动车四项污染物排放总量为 4612.1 万 t，比 2011 年增加 0.1%。其中，CO 3471.1 万 t，HC 438.2 万 t，NO_x 640.0 万 t，颗粒物（PM）62.2 万 t。

3. 汽车是交通运输空气污染物总量的主要贡献者

2012 年，汽车尾气排放的 NO_x 和 PM 占机动车污染物排放总量的 90% 以上，HC 和 CO 占机动车污染物排放总量的 70% 以上。从机动车排放的污染物种类来说，CO 的最大排放源为汽车，为 2865.5 万 t，占机动车 CO 排放总量的 82.5%；其次为摩托车，占 17.0%，低速载货汽车仅占 0.5%。HC 的最大排放源也为汽车，排放量为 345.2 万 t，占机动车 HC 排放总量的 78.7%；摩托车和低速载货汽车分别为 17.2% 和 4.1%。氮氧化物的汽车排放量为 582.9 万 t，占 91.1%，其次为低速载货汽车与摩托车。而颗粒物的汽车排放量为 59.2 万 t，占比高达 95.2%；低速载货汽车排放仅占 4.8%。各类机动车污染物排放分担率见图 6-20。

按汽车车型分类，客车的 CO 和 HC 排放量明显高于货车，其中，小型载客汽车的贡献率最大；货车的 NO_x 和 PM 则明显高于客车，其中重型载货汽车是最主要的贡献者。具体按车型划分的污染物排放量分担率如图 6-21 所示。

---

① 数据来源：工信部《2014 年全年汽车工业经济运行情况》。

摩托车
17.0%

低速载货汽车
0.5%

汽车
82.5%

一氧化碳 (CO)

摩托车
17.2%

低速载货汽车
4.1%

汽车
78.7%

碳氢化合物 (HC)

低速载货汽车
7.3%

摩托车
1.6%

汽车
91.1%

氮氧化物 (NOₓ)

低速载货汽车
4.8%

汽车
95.2%

颗粒物 (PM)

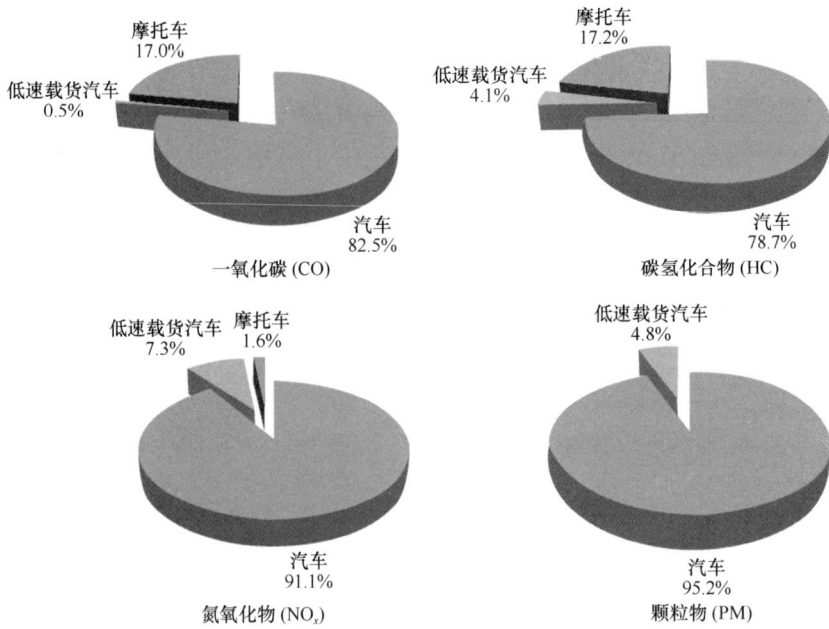

图 6-20　机动车污染物排放分担率

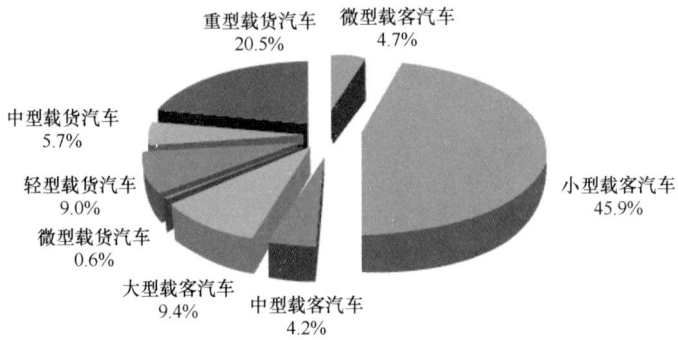

重型载货汽车
20.5%

微型载客汽车
4.7%

中型载货汽车
5.7%

轻型载货汽车
9.0%

微型载货汽车
0.6%

大型载客汽车
9.4%

中型载客汽车
4.2%

小型载客汽车
45.9%

A. 各类型汽车一氧化碳 (CO) 排放量分担率

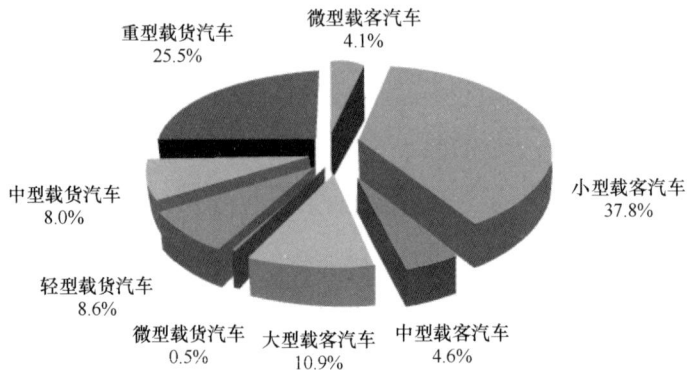

重型载货汽车
25.5%

微型载客汽车
4.1%

中型载货汽车
8.0%

轻型载货汽车
8.6%

微型载货汽车
0.5%

大型载客汽车
10.9%

中型载客汽车
4.6%

小型载客汽车
37.8%

B. 各类型汽车碳氢化合物 (HC) 排放量分担率

C. 各类型汽车氮氧化物 (NO$_x$) 排放量分担率

D. 各类型汽车颗粒物 (PM) 排放量分担率

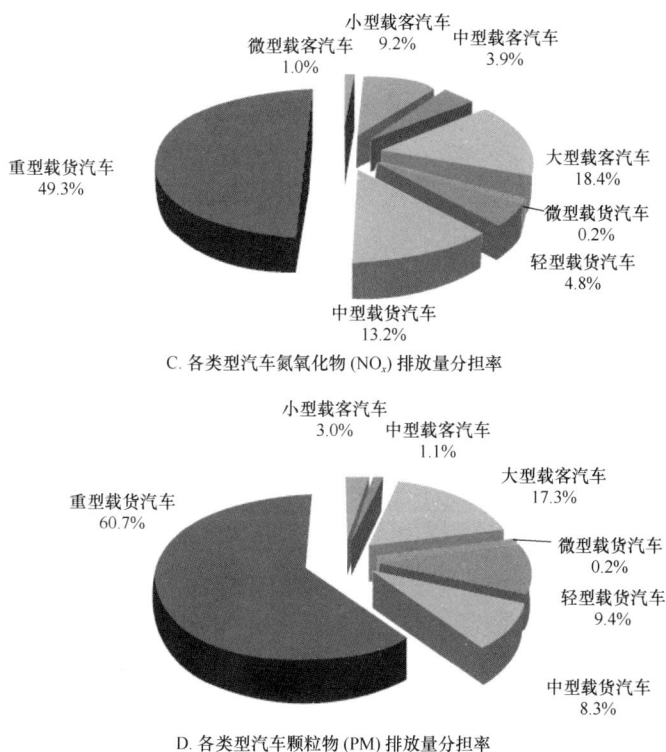

图 6-21　各类汽车污染物排放情况

　　按燃料类型分类，汽油车 CO 和 HC 排放量明显高于柴油车，分别为 2366.9 万 t 和 241.3 万 t，分别占汽车排放总量的 82.6% 和 69.9%；柴油车排放的 NO$_x$ 为 397.0 万 t，PM 为 59.2 万 t，分别占汽车排放总量的 68.1% 和 99% 以上；相比而言，燃气汽车的污染物排放量占汽车排放总量的比例均很少。具体的按燃料类型分类的污染物排放量分担率见图 6-22。

　　按排放标准分类，全国国 I 前标准汽车的 4 种污染物排放量位居榜首，均在 35% 以上，其 CO、HC、NO$_x$、PM 排放量分别为 1306.8 万 t、165.1 万 t、215.1 万 t 和 27.4 万 t。国Ⅲ及以上标准汽车，其排放量刚刚超过排放总量的 30%（图 6-23）。

　　按环保标准分类，全国"黄标车"排放的 CO、HC、NO$_x$、PM 分别为 1503.1 万 t、196.1 万 t、339.0 万 t 和 48.5 万 t，其 4 种污染物占机动车的排放总量分别为 43.3%、44.8%、53.0% 和 78.0%。由此可以看出，黄标车的低保有量和高排放量使得其成为我国机动车污染防治的重点。

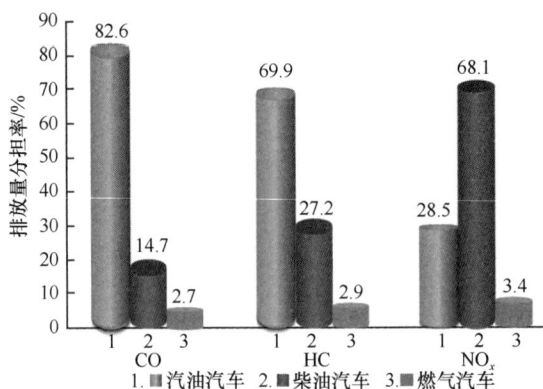

图 6-22　不同燃料类型汽车的污染物排放量分担率

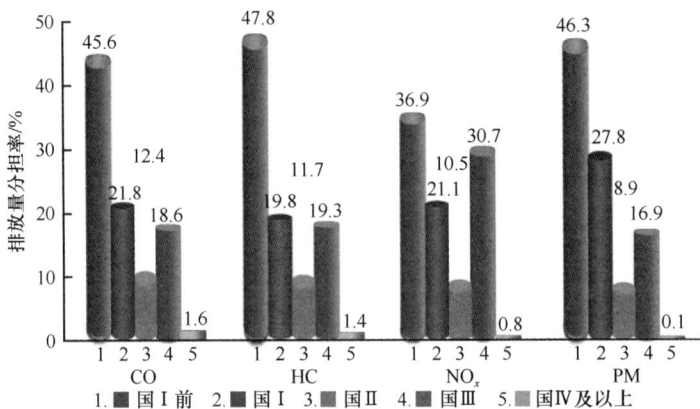

图 6-23　不同排放标准汽车的污染物排放分担率

二、绿色交通运输体系建设成绩

近年来，交通运输行业以新的《节约能源法》颁布实施为契机，加快转变交通运输发展方式，积极推进现代交通运输业发展，努力建设资源节约型、环境友好型行业，不断提升发展理念，加快推进结构调整，大力推动技术进步，积极探索中国特色的绿色循环低碳交通运输发展道路，在过去的几年中取得了积极成效。

（一）发展节能环保的交通运输方式

21 世纪以来，中国十分重视发展节能环保的运输方式，主要体现在以下几方面：加快铁路建设，新建铁路超过 30 000km；充分发挥水运的作用，改善内河航道通航条件，加强沿海港口建设；大力发展管道运输，加强油气骨干管网建设。基于这种情况，在中国交通运输体系中，虽然目前公路运输所占的市场份额最大，但铁路、水运、管道等在社会运输总量中仍然占较大的比例。2013 年，铁路客运占全社会客运周转量的 38.4%，铁路、水运（不含远洋）、管道占全社会货运周转量分别为24.4%、25.7%和 3.3%[①]。因而，整个交通运输系统的平均能源消耗还保持在相对较低的水平。

在城市交通中，中国重视发展公共交通。除了公共汽车，特别加快了能力大、污染少的地铁、轻轨等城市轨道交通的建设。目前，中国大陆共 19 个城市累计开通了 85 条城市轨道交通线路，总运营里程是 2001 年的近 12 倍。与此同时，在很多大中城市推广了快速公交系统（BRT），并受到欢迎。

（二）推广应用节能环保技术

铁路运输领域：对既有线路实行电气化改造，电气化率由 2001 年的 24.1%迅速增长到 2013 年的 54.1%，新造机车和动车组全部采用交流传动，节能减排效果十分显著；重点推广节油、代油技术；组织推广牵引供电无功补偿；开展站场高效节能照明灯具研发与应用研究，推广高效光源和照明智能控制技术；推广节水器具和中水回用、分质供水、冷却水循环利用等节水技术和工艺；在铁路沿线应用新能源和可再生能源，实施地源热泵采暖制冷示范，并进行推广；以推进铁路环保为目标，围绕铁路降噪减振、废弃物处理、废弃排放控制、电磁辐射防止、铁路沿线绿化及生态保护等，开展大量环保科研工作，扎扎实实推进铁路环保技术进步，为铁路环境保护科研成果向工程实际进一步转化创造了条件。

公路运输领域：推进营运车辆柴油化进程，增加柴油在车用燃油消耗中的比例；推进公路甩挂运输试点工作；推广天然气装备在交通运输领域的应用；研发电动和油电混合动力汽车，提高油品质量，应用燃油添加剂、节油器等先进的节能产品；扎实推进信息化建设，大力推广应用不停车收费（ETC）、智能交通系统（ITS）、物流公共信息平台、公众出行信息服务系统、无线射频识别技术（RFID）、全球导航卫星系统（GNSS）等现代信息技术；在建设养护中积极采用新结构、新工艺和新材料，推广应用隧道节能照明、路面材料再生、温拌沥青等新技术，探索应用太阳能、风能等可再生能源。

---

① 数据来源：《2013 年全国铁路统计资料汇编》。

水路运输领域：推广港口起重机"油改电"、靠港船舶使用岸电等技术；积极探索 LNG 作为船舶动力燃料，启动研究项目，核准我国第一艘 LNG 燃料动力船舶——长航凤凰股份有限公司重庆货运分公司所属的"长迅 3"船舶进行试点运营。

近年来，公路、水路运输领域主要科技创新示范项目见表 6-1。

表 6-1 公路、水路运输领域主要科技创新示范项目

项目	成果
交通运输行业第五批节能减排示范项目	2012 年，交通运输行业节能减排示范项目总计已达 100 个，形成了一个较为全面的示范项目体系
"十二五"第二批全国重点推广公路水路交通运输节能产品（技术）推广工作	推广工作已发布两批共 40 项重点推广在用车船节能产品（技术）目录
隧道半导体照明产品应用示范工程	2012 年已公示出招标入围名单，包括 LED 道路/隧道灯、LED 筒灯、反射型自镇流 LED 灯三大类产品，涉及企业共 28 家
节能减排科技示范工程	实施了云南昆龙高速运营节能科技示范工程、城市智能交通和长江三角洲航道网及京杭运河智能航运服务国家物联网应用示范工程等
交通运输建设科技成果推广目录发布工作及推广计划项目	为加强交通运输建设科技成果的推广与应用，鼓励行业积极采用先进实用新技术，推动科技成果向现实生产力的转化，组织开展了 2012 年交通运输建设科技成果推广目录发布工作及推广计划项目
软科学研究项目	继续推进"公路甩挂运输关键技术与示范"等部重大科技专项，启动"公路交通运输节能减排法律法规制度体系研究"等部软科学研究项目，有序推进全球环境基金项目"缓解大城市拥堵、减少碳排放"
"中国低碳交通发展战略研究"分课题	参与国家发改委"中国低碳发展宏观战略研究"，组织有关单位承担"中国交通低碳发展战略研究"分课题，探索研究交通运输低碳发展途径

（三）节能环保管理不断加强

铁路运输领域：全面启动了评价考核机制，印发《铁路局经营业绩考核办法》，加强了对各铁路局领导班子和领导干部环保目标责任制和评价考核的力度，将 COD 排放量、SO_2 排放量纳入铁路局经营业绩考核范围，作为铁路局领导干部经营业绩考核的重要指标之一。各铁路局根据部（原铁道部）考核指标加大了对所属单位的环保考核力度，将下达指标落实分解到每个基层单位和重点岗位，加强了重点污染物排放单位的管理力度，设立专职人员进行管理，建立完善管理台账，及时上报统计数据。在能耗统计方面，建立了中华人民共和国铁道部（简称铁道部）、铁路局、基层站段三级统计信息传输网络，加强了节能统计的培训。重新组建了"铁路节能环保技术中心"，加强了铁路节能的科研和技术管理。

公路、水路运输领域：建立并完善了交通运输节能减排专项资金激励机制。开展了节能减排项目的第三方审核试点工作；开展了"交通运输行业能源消耗与碳排放统计监测体系"、"低碳交通运输体系评价指标体系"、"交通运输温室气体排放影响、排放峰值与减排目标、路径研究"等3个方面15项交通运输节能减排能力建设项目；开展了交通运输行业能源统计体系建设，将公路运输、水路运输和港口生产能源统计指标纳入国家统计指标体系中；研究建立了低碳交通运输体系、低碳交通城市、低碳港口建设与运营、低碳航道建设、低碳公路建设等领域的评价体系。

另外，中华人民共和国交通运输部（简称交通运输部）在2009年12月，成立了交通运输部节能减排工作领导小组和节能减排与应对气候变化工作办公室。深圳、杭州、厦门等26个低碳交通试点城市也相应成立了低碳交通运输体系建设工作领导小组；北京、四川、云南、湖南等地还设立了专门的节能减排决策辅助和支撑机构，全行业初步形成了节能减排组织保障体系。开展了绿色循环低碳交通运输体系建设试点城市工作（先后确定了26个城市参加试点）；开展了绿色循环低碳交通运输区域性管理和主题性管理试点工作（选定10个城市、4个港口和6条公路分别作为区域性试点城市、主题性试点港口及主题性试点公路）；开展了"车、船、路、港"千家企业低碳交通运输专项行动；开展了重点企业能耗统计监测试点工作；各地积极探索绿色循环低碳试点示范新机制。

（四）绿色交通运输政策法规体系不断完善

经过几年努力，初步形成了包括法规、规划、标准和规范的多层次制度体系。制定了交通运输行业"十二五"期和中长期的节能减排规划，发布了各年度节能减排工作要点，以及行动方案等，出台了营运车辆燃料消耗量限值及测量方法、码头船舶岸电设施建设技术规范等20项公路水路相关标准和规范（表6-2）。

表6-2　交通行业节能减排制度相关政策法规

年份	名称	发布主体
2006	《关于交通行业全面贯彻落实国务院关于加强节能工作的决定的指导意见》	交通运输部
2006	《关于铁路节能、环保统计工作归口管理的通知》	铁道部
2007	《关于印发2007年全国交通行业节能工作要点的通知》	交通运输部
2007	《铁路绿色通道建设实施指导意见》	铁道部
2008	《公路水路交通节能中长期规划纲要》	交通运输部
2008	《公路、水路交通实施〈中华人民共和国节约能源法〉办法》	交通运输部
2008	《关于印发2008年全国交通行业节能减排工作要点的通知》	交通运输部

年份	名称	发布主体
2008	《民航行业节能减排规划》	民航局、国家发改委
2009	《道路运输车辆燃料消耗量检测和监督管理办法》	交通运输部
2009	《关于印发 2009 年节能减排工作安排的通知》	国务院办公厅
2009	《关于印发资源节约型环境友好型公路水路交通发展政策的通知》	交通运输部
2010	《2010 年交通运输行业节能减排工作要点》	交通运输部
2010	《关于进一步加大工作力度确保完成今年节能减排重点工作任务的通知》	交通运输部
2011	《建设低碳交通运输体系指导意见》	交通运输部
2011	《交通运输"十二五"发展规划》	交通运输部
2011	《建设低碳交通运输体系试点工作方案》	交通运输部
2011	《公路水路交通运输节能减排"十二五"规划》	交通运输部
2011	《铁路建设项目水土保持工作规定》	铁道部、水利部
2012	《交通运输行业应对气候变化行动方案》	交通运输部
2012	《交通运输行业"十二五"控制温室气体排放工作方案》	交通运输部
2012	《关于贯彻落实公路水路交通运输行业落实国务院"十二五"节能减排综合性工作方案的实施意见的部门分工方案的通知》	交通运输部
2012	《铁路"十二五"环保规划》	铁道部
2012	《铁路"十二五"节能规划》	铁道部
2012	《关于加快推进行节能减排工作的指导意见》	民航局
2012	《民航节能减排专项资金管理暂行办法》	民航局

另外，各地交通运输主管部门也根据自身实际制定了相应的中长期规划、"十二五"专项规划和具体实施意见，通过这些法规、规划、标准和规范的制定与实施，对规范开展交通运输绿色循环低碳工作起到了重要的指导作用。

（五）扩大宣传交流，绿色交通运输体系建设理念广泛传播

一是组织开展绿色循环低碳宣传、交流、教育、培训等活动。多次组织召开绿色循环低碳交通运输体系试点经验交流会与工作推进会等专题工作会议，配合中国能源协会举办"中国低碳发展论坛交通节能分论坛"，举办节能减排培训班，制定汽车驾驶节能操作规范，编写节能驾驶手册，开展节能驾驶竞赛，组织开展年度节能宣传周活动，广泛深入开展宣传教育。

二是在多双边领域加大了行业绿色循环低碳对外宣传力度。利用多双边会议和各种交流活动，学习国外先进经验。

三是积极参与了国际应对气候变化谈判。交通运输部组团参加了《联合国气候

变化框架公约》和国际海事组织框架下的谈判，出席了德班世界气候大会和第 62 届海上环境保护委员会会议。

三、绿色交通运输体系建设存在的主要问题

虽然绿色交通运输体系建设取得了一定的成绩，但面对国家日益严峻的能源资源形势和不断提高的节能减排要求，仍然存在较大差距和不少问题。

一是各种运输方式发展不平衡。交通基础设施发展仍不均衡，运输结构不甚合理，滋生了不合理的运输现象，加剧了能源消耗和污染物排放。在货运方面，突出表现为由于部分煤运通道铁路运力不足、部分沿江通道高等级航道占比低等，公路运输承担了大量低附加值、低时效性的大宗物资长距离运输；在客运方面，突出表现为私人小汽车出行快速膨胀，公交出行比例偏低，自行车出行持续萎缩。

二是综合交通枢纽布局不尽合理。大量综合交通枢纽在规划、建设与运营服务等环节上，与周边土地使用及不同交通方式之间协调不够，交通资源综合优势难以充分发挥，枢纽运行效率较低。还有不少综合交通枢纽，没有很好处理各交通方式在平面和空间上的布局，造成了换乘距离偏长和换乘次数增加。货运枢纽也普遍存在各种运输方式衔接不畅、运能不匹配、接驳次数过多等问题，直接影响了综合交通运输效率。因此，迫切需要在战略层面深入推进现代化综合运输体系建设，促进交通运输结构性节能减排。

三是城市交通拥挤问题日益严峻。随着机动车的迅猛增加，城市交通拥挤问题日益严峻，拥堵已经从高峰时间向非高峰时间，从城市中心区向城市周边，从北京、上海、深圳、广州等少数城市向其他省会城市迅速蔓延，许多特大城市和大城市中心城区高峰期间的行车速度由原来的 40km/h 下降到目前的 15～20km/h。交通拥堵给城市出行带来不便，加剧了能源消耗、污染物排放，已经成为中国城市发展的突出问题。

四是绿色交通运输法规标准的规范约束作用有待进一步加强。行业内部节能减排工作开展得不够平衡，尚未形成普遍共识和自觉行为，现实中有些地方、单位和个人在实际工作中对于绿色发展的重要性和紧迫性认识不到位，工作积极性不高、主动性不强，绿色发展理念有待进一步提升。究其原因主要是，节能减排法规制度与标准规范体系尚未健全，在行业管理上对节能减排工作缺乏相应的法规制度约束，在技术应用上缺乏相应的标准规范，交通运输管理部门对企业节能减排的约

束力较弱。

五是绿色交通技术水平有待进一步提升。突出表现为智能交通技术的作用没有得到充分发挥。目前我国大多数城市尚未建立起覆盖交通规划与决策、系统建设与运营服务的全过程的实时信息采集、处理与应用平台，且普遍存在重系统建设、轻功能实现，重硬件、轻软件，重形式、轻实效的严重倾向。智能交通的"智能化"功能未充分发挥，目前已建成的很多系统，并没有真正实现绿波及区域协调控制功能，没有实现根据实时的交通需求特性优化信号控制参数、优化交通资源配置的功能，更没有实现交通诱导与交通控制相结合的智能管理。并且，由于缺乏系统的政策引导和标准规范，智能化交通系统顶层设计重视不够，信息采集与资源共享程度较低，不同系统之间缺乏衔接与配合且水平参差不齐，导致系统应用整体水平不高。此外，交通运输节能与清洁能源运输装备研制与运用关键技术研究还有待加强，车辆燃油品质也需要进一步提升。

六是市场机制对绿色交通的推进作用有待提高。突出表现为推进交通运输节能减排工作的市场化手段欠缺，尚未充分利用碳税、碳排放交易、公私伙伴关系（public-private partnership，PPP）模式等市场机制以推进行业绿色发展，需要进一步加强相关政策研究和技术储备，为加快制定相关政策措施和推进政策实施奠定基础。例如，在碳税方面，目前缺少交通运输行业碳税政策研究，特别是碳税政策实施对于交通运输行业影响分析、最优税率、减排成本等研究；在碳排放交易方面，基础研究（交通行业碳交易现状、潜力、政策、统计数据）薄弱，技术储备（配额分配、核证、监管）不足。

七是绿色发展的资金保障与组织保障仍需进一步强化。从节能减排资金的引导与投入上看，与工业、建筑等其他行业相比，与行业自身发展需求相比，交通运输行业节能减排专项引导性资金投入仍然明显不足。从当前组织管理架构来看，省市区交通运输节能减排工作的主责机构及其人员，多为兼职。随着绿色交通运输体系建设任务日趋繁重及管理要求不断提高，人员队伍无论是总量规模、人才结构还是综合素质等均有较大差距；缺乏基本的节能减排工作经费、设施设备等保障，基础能力建设十分薄弱；制约绿色交通运输发展的体制机制问题仍然较突出，均难以满足新时期绿色交通运输发展的更高要求。

八是绿色发展基础差异性较大，体系性、全面性不足。第一是行业内不同领域之间的发展基础差异性较大。例如，目前行业节能减排工作重点在客运业上，而对于行业能耗大户的货运业方面管理的方法、方式上相对手段较少。第二是不同类型企业之间的重视程度和工作基础仍然参差不齐。第三是对不同类型节能减排项目推广应用的积极性差异较大。例如，各地的天然气车辆应用项目均占各类节能减排项目中的较大比例，而其他节能减排技术应用相对较少，其原因是天然气车辆在使用过程中能够给企业带来直接的经济效益，充分调动了地方政府、企业的积极性。第四是地区差异较大。经济发达地区，综合交通运输和节能减排工作的基础往往较好，经济发展相对滞后地区，通常出现交通运输节能减排与环保领域的投入、发展情况等相对不足等情况。

九是绿色循环低碳发展相关工作的协调联动不足，政府主导作用仍需进一步发挥。绿色交通运输发展是一项庞杂的系统工程，牵涉范围广、相关部门多。例如，天然气车辆、船舶的推广使用，涉及运输组织、安全管理、加气站配套、天然气车船的购置与改装、天然气价格管理等一系列问题，统筹协调难度大。目前，全省节能与新能源汽车、天然气车船推广等工作受配套充电站、加气站布局规划及建设滞后等因素的严重制约，交通运输节能减排措施难以立竿见影，迫切需要政府进一步强化统筹协调、部门联动，形成推进合力。

此外，绿色发展长效管理机制尚未建立，监督检查、统计监测、计量、评估考核等保障体系建设需进一步完善，尤其统计监测数据的可靠性、及时性还需进一步提升；交通运输信息化资源整合与综合应用有待进一步加强，绿色科技创新能力有待进一步提高，科研成果的转化、先进适用技术与产品的推广应用仍需进一步加大工作力度；合同能源管理、碳排放权交易等节能减排市场机制尚未建立等。这些问题必须认真研究，采取针对性措施努力加以解决。

四、绿色交通运输体系建设面临的形势与要求

（一）加快推进绿色交通运输发展是建设美丽中国、促进生态文明的重要内容

党的十八大首次将生态文明建设纳入中国特色社会主义事业"五位一体"总布局，把生态文明建设融入到经济建设、政治建设、文化建设、社会建设的各方面和全过程中。交通运输作为国民经济和社会发展的基础性事业、先导性产业和服务性行业，在加强生态文明建设、推进可持续发展中承担着重要责任。建设绿色交通运输体系是生态文明建设的重要组成部分，也是交通运输行业"着力推进绿色发展、

循环发展、低碳发展，形成节约资源和保护环境的空间格局、产业结构、生产方式、生活方式"的重大举措。尤其是全面建成小康社会及 GDP 和居民收入两个倍增计划，对交通运输需求规模和质量提出了更新更高的要求，交通运输发展的任务依然繁重，能源消费与碳排放总量将持续增长，节能减排任务十分艰巨。为实现十八大对交通运输行业发展的总体要求，需要切实树立绿色低碳发展理念，把生态文明建设融入整个交通运输现代化进程之中，大力推动交通运输可持续发展，为建设美丽中国、实现生态文明提供基础保障。

（二）加快推进绿色交通运输建设是积极应对气候变化、缓解资源环境压力的迫切要求

当今世界，以绿色经济、低碳技术为代表的新一轮产业和科技变革方兴未艾，绿色、循环、低碳发展正成为新的趋向。我国 CO_2、SO_2 等排放量居世界前列，国际气候变化谈判形势严峻，发达国家要求我国减排的压力不断加大。我国已经确定了积极应对气候变化的战略部署，提出了到 2020 年单位 GDP 的 CO_2 排放比 2005 年下降 40%～45%的目标。交通运输业是国家应对气候变化工作部署中确定的以低碳排放为特征的三大产业体系之一，需要承担很大一部分温室气体减排的任务，绿色低碳发展势在必行。

（三）加快推进绿色交通运输建设是推动交通运输转型升级、发展现代交通运输业的必然选择

加快建立绿色低碳交通运输体系，既是发展现代交通运输业的必由之路，也是交通运输产业转型升级的迫切需要。当前交通运输发展的结构性矛盾和问题仍然比较突出，建设绿色交通运输体系需要抓住机遇积极进行产业转型升级，大力调整优化交通运输结构，强化科技进步，完善法规标准，创新体制机制，加强监督管理，加快构建资源节约型、环境友好型交通运输生产方式和消费模式，加速发展现代交通运输业。

第七章 国外绿色交通运输体系建设的先进经验

在全球气候变暖形势日益严峻的背景下，一些发达国家，尤其是英国等欧盟成员国及日本、美国等一直走在节能环保行动的前列，从政策和技术两方面采取了多种有效措施发展低碳经济，绿色交通体系建设取得了良好的成绩，也累积了丰富的经验。国外绿色交通运输体系建设的基本经验可以概括为以下几点。

一、制定科学合理的绿色交通运输发展战略是建立绿色交通运输体系的关键因素

发达国家在发展绿色交通运输体系时，格外重视战略规划的制定，设立中长期交通运输减排目标，充分发挥战略规划的先导作用，为交通运输的可持续发展指明方向。

英国是最早提出低碳经济的国家，它非常重视法律、法规及发展战略的制定，希望以此引导英国各经济领域低碳发展。1998 年英国发布《交通运输新政策纲领》，强调构建一体化、可持续的交通运输体系。该纲领提出了减少交通车辆尾气排放、限制小汽车过度使用、发展公共交通、复兴铁路、通过技术进步和行政手段解决交通拥堵和环境问题等与低碳运输一脉相承的措施。2005 年 6 月，英国政府出台《使用化石燃料的碳排放技术的开发战略》，提出开发一系列技术，减少化石燃料燃烧排出的 CO_2，并将碳减排的重点放于供电与交通方面。2008 年，英国颁布实施《气候变化法案》，该法案的出台标志着英国成为世界第一个为温室气体减排目标立法的国家。法案要求 2050 年英国碳排放量与 1990 年相比下降 60%。2009 年，随着《英国低碳转型计划》的出台，运输部也公布了交通运输领域的转型计划——《低碳运输：更加环保的未来》，报告阐明英国运输部将开展哪些具体行动来减少因交通行为而产生的温室气体排放。在该报告中交通运输领域承担的减排额度仅次于电力部门，占减排总量的 21%。根据英国气候变化委员会的数据，2009 年英国已经实现减排 8.6%。2013 年 7 月 3 日，英国能源与气候变化部（DECC）发布《温室气体清单概览》（*Overview: GHG Inventory Summary Factsheet*），文件指出 2011 年英国温室气体排

放总量为 553Mt CO_2e（不包括欧盟碳排放交易计划下限额交易的影响），与 1990 年相比减少了 29%，其中 CO_2 排放量占温室气体排放总量的 83%（图 7-1）。但交通运输领域的温室气体排放量与 1990 年相比仅下降了 2%，交通运输领域中，公路运输的温室气体排放量所占比例为 92%，公路运输的温室气体排放量与 1990 年相比仅下降 1%（图 7-2）。根据对温室气体排放历史数据的分析，预计至 2030 年，英国温室气体的总排放量与 2010 年相比下降 29%，交通运输领域的温室气体排放量比 2010 年下降 14%。

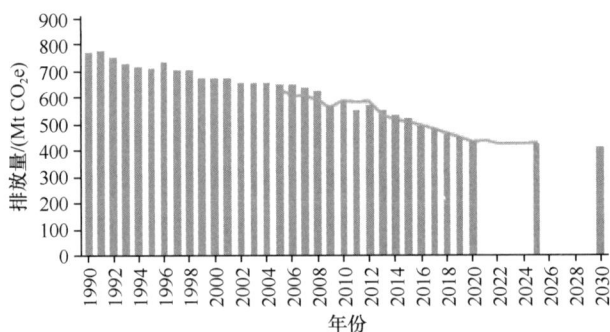

图 7-1 1990～2030 年英国温室气体排放总量（预测）

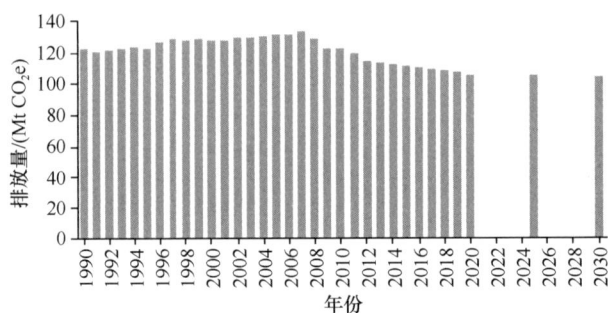

图 7-2 1990～2030 年英国交通运输领域温室气体排放量（预测）

欧盟也积极通过制定相关政策和发展战略等引导交通运输业的绿色发展。自 1991 年发布第一个控制 CO_2 排放和提高能源效率的战略后，欧盟不断出台与控制气候变化相关的各种政策。1996 年，欧盟理事会批准了《关于客车的 CO_2 减排及促进燃料节约的共同体战略》，提出 CO_2 减排十五年行动计划。2001 年 9 月，欧盟发布了面向 21 世纪的《2010 年欧洲运输政策白皮书》，指出将可持续交通作为欧洲交通各运输发展的共同政策，鼓励使用对环境影响较小的交通方式。2002 年 5 月，欧盟正式批准了《京都议定书》。《京都议定书》是在 1997 年 12 月召开的《联合国气候变化框架公约》第三次缔约方大会上通过的。议定书对 2008～2012 年第一承诺期发达国家的减排目标作出了具体规定，即整体而言发达国家温室气体排放量要在 1990 年的基础上平均减少 5.2%，欧盟作为一个整体要将温室气体排放量削减 8%。2006 年 10 月，欧盟发布《能源效率行动计划》，指明到 2020 年实现节约能源 20% 的目标，其中交通运输的能量消耗目标为降低 26%。提出与交通相关的关键政策包括修改汽车排放标准、鼓励提高能源效率的投资、推广节能出租车等。2008 年，欧盟又发布了《绿色交通运输》的报告，论述了交通运输与气候变化、噪声污染、交通拥堵等环境问题的关系，制定了绿色交通运输的发展目标，并提出了实现目标的配套措施。欧洲环境署 2013 年发布的统计数据表明，2011 年欧盟 27 国的温室气体排放量与 1990 年相比下降了 18.4%，比 2010 年下降 3.3%，若以 1990 年的排放量作为基准（100）1990～2011 年的温室气体排放量如图 7-3 所示。

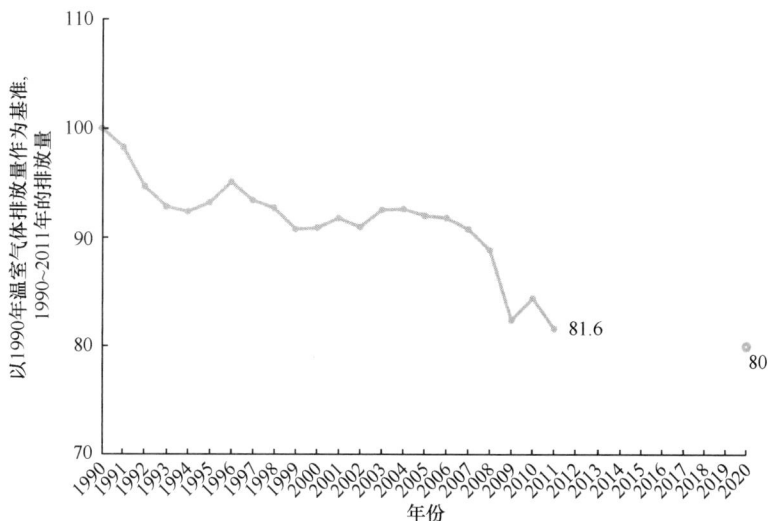

图 7-3　1990～2011 年欧盟 27 国温室气体排放量（不包括土地利用、变更和森林）

二、大力支持科技创新是建设绿色交通运输体系的重要支撑

　　英国及欧盟其他成员国、美国、日本等发达国家都特别重视科技创新在绿色交通运输体系建设中的作用，从政策、资金到组织实施等方面都给予了极大的支持。

　　2007 年 5 月，英国运输部发布《低碳运输创新战略》（LCTIS），旨在激励低碳运输技术创新，以此推动减碳、减排。战略评估了政府应关注的最主要的交通领域，制定了一系列鼓励低碳运输技术创新和发展的行动计划。英国运输部还对一些环保新技术进行资金支持，如低排放车辆的生产制造和销售、超低排放车辆的设计和研究、UKH2 移动项目等。UKH2 项目将汽车、能源、基础设施、零售业等行业与政府结合起来，研究英国境内引进低排放交通工具和基础设施的氢燃料补给的"线路图"。

欧盟为了具体推进低碳技术的创新与产业化，2008 年启动了 6 个行动计划，并设立"欧洲能源研究联盟"，在进行低碳创新的同时促进这些技术成果的应用，把欧盟带入低碳经济社会的前沿。2009 年为激励企业在低碳技术创新中发挥主体作用，欧盟委员会宣布将在 2013 年之前将通过公私合作方式投资 32 亿欧元，用于创新型制造技术、新型低能耗建筑与建筑材料、环保汽车及智能化交通系统等 3 个领域的科技研发。全部投资的一半来自欧盟预算，另一半来自相关私营企业。日本政府在很早就意识到技术创新是节能减排的重要保证，为了落实具体技术领域的创新，制定了"技术战略图"，调动国家和民间的资源，全方位地展开低碳技术的创新攻关。

尤其值得关注的是，日本政府将在未来几年内投入 300 亿美元，开发超越现有技术的、可为 2050 年全世界大幅度削减温室气体排放作出贡献的技术。

美国联邦交通管理局（FTA）自 2004 年起就开始资助交通运输领域与环境保护相关的创新研究项目，目前，FTA 每年获得约 100 亿美元的联邦资金，专门用于支持可持续交通技术的创新与研发。

目前，世界各国在交通运输绿色发展中的主要技术创新项目包括以下内容。

（一）环保型汽车

节能环保型小排量汽车已成为汽车发展的主流和消费者关注的热点，美国、英国及欧盟其他成员国等环保发达国家都积极发展节能环保型小排量汽车。

美国奥巴马政府将推动新能源汽车的发展作为能源政策的重要组成部分。在奥巴马的倡导下，联邦政府为推进充电式混合动力汽车计划，在短短几个月内紧锣密鼓地出台了一系列强力措施，斥资 140 亿美元支持动力电池、关键零部件的研发和生产，支持充电基础设施建设及消费者购车补贴和政府采购。美国政府还设立了一个总额为 250 亿美元的基金，以低息贷款方式支持厂商在节能和新能源汽车领域的研发和生产。

欧盟把电动汽车作为 2020 战略交通领域的重大关键技术，认为电动汽车技术对未来城市交通发展、改善城市空气质量和降低化石燃料依赖，具有不可替代的关键作用。根据欧盟联合研究中心（JRC）2013 年最新推出的电动汽车研究评估报告，欧盟投入电动汽车科学研究、技术开发等的研发资金已超过 19 亿欧元。其中，65%的研发资金投入来自欧盟及其成员国或区域政府的公共财政预算。根据 JRC 的研究评估报告，将欧盟电动汽车研发创新活动区分为八大类型：电能储存与蓄电池、电动发电机、控制系统、热转换效率、整车优化设计、充电系统、元器件的优化配置和中试示范项目。

另据有关机构对欧盟 2025 年交通运输排放量与低碳车辆关系的研究，如果欧盟想在 2025 年之前大幅削减碳排放，必须大量增加电动汽车和混合动力汽车的数量。如果混合动力汽车在新车销量中能够占据与传统汽车相当的比例，欧盟可以在 2025 年之前实现 CO_2 排放量 70g/km 的减排目标；如果电动汽车占据 7%，且混合动力汽车占据 22%，70g/km 的减排目标同样也可以实现；如果要在 2020 年达到 60g/km 的减排目标，那么电动汽车占据新车销售量的比例需要达到 24%。据统计，2012 年欧盟新生产汽车的平均 CO_2 排放量从 2000 年的 172.2g/km 下降至 2012 年的 132g/km（图 7-4），单车燃油量下降至 5.3L/100km。2013 年 4 月，欧洲议会通过一项法律草案，要求到 2020 年在欧盟出售的新汽车平均每公里 CO_2 排放量由目前的 130g/km 减少到 95g/km，2025 年以后，在欧盟出售的新汽车每公里 CO_2 排放量需降低到 68～78g/km。草案提出，对于计划生产 CO_2 排放量超标车的欧盟厂商，采取"超级积分"补偿措施，即"超标车"与"清洁车"（排放量 50g/km 以下）的搭配生产，规定 2013～2015 年每生产 1 辆"清洁车"，最多可生产 3.5 辆"超标

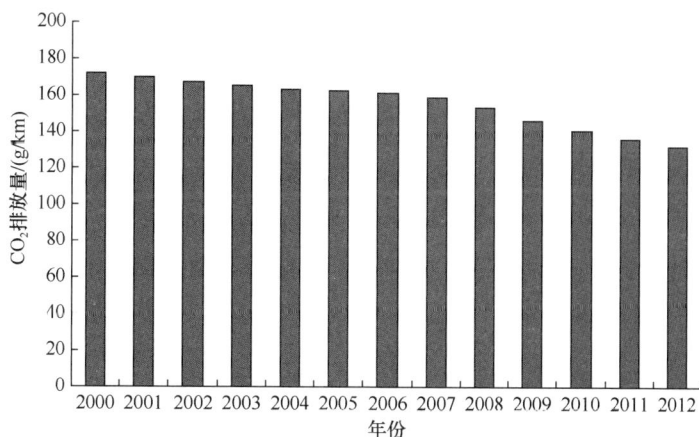

图 7-4　2000～2012 年欧盟出售的新汽车的 CO_2 排放量

车"，之后配比逐渐下降，2016～2023 年可生产 1.5 辆"超标车"，2024 年以后则仅可生产 1 辆超标车，不过每家车企只能获得 2 万辆"超级积分"汽车配额，如果按照这样的配比形式生产汽车，预计到 2050 年，欧盟道路运输的 CO_2 排放量将减少 50%。

英国运输部、技术战略委员会及工程与物理科学研究理事会共同出资成立"创新平台"，从 2008/2009 年度开始提供 3000 万英镑的支持资金，研究未来低碳车辆技术。2008/2009 年度，英国交通部提供 500 万英镑的经费支持低碳技术的研发，以期到 2020 年新生产汽车的 CO_2 排放标准在 2007 年基础上平均降低 40%，其中低碳车辆是其主要的研究方向。英国还提出为生产大量低排放公共汽车拨款 300 万英镑，在英国主要大城市中安装电动汽车使用的充电基础设施。2011 年，英国运输部宣布，英国政府计划投资 2400 万英镑，支持有助于推动英国低碳汽车发展的六项技术创新项目，分别是：混合集成城市商用汽车项目、汽车动力总成能量回收项目、增程式电动汽车技术发展项目、轻型电动货车项目、排气后处理系统项目和铝基复合材料研发项目。由于车辆技术的不断提高，英国的单车燃油消耗量逐年降低，1997～2011年，英国汽油汽车每 100km 的汽油消耗量从 8.3L 下降至 6.1L；柴油汽车每 100km 的柴油消耗量从 7.0L 下降至 5.2L（图 7-5）。

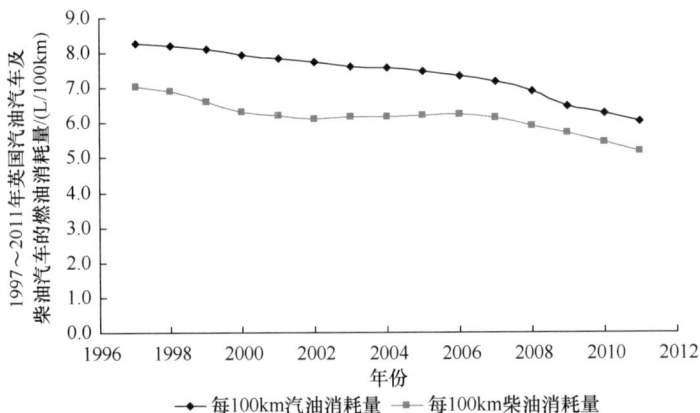

图 7-5　1997～2011 年英国汽油汽车及柴油汽车的燃油消耗量

另外，根据英国统计数据表明，2000～2012 年，英国新生产汽车的 CO_2 排放量从 181.0g/km 下降至 133.1g/km，减少了 26.5%（图 7-6）。

研究表明，英国新出售汽车 CO_2 排放量的下降在很大程度是因为英国境内柴油汽车的市场占有率大幅提高，从 2000 年的 14% 上升至 2010 年的 46%（图 7-7）。

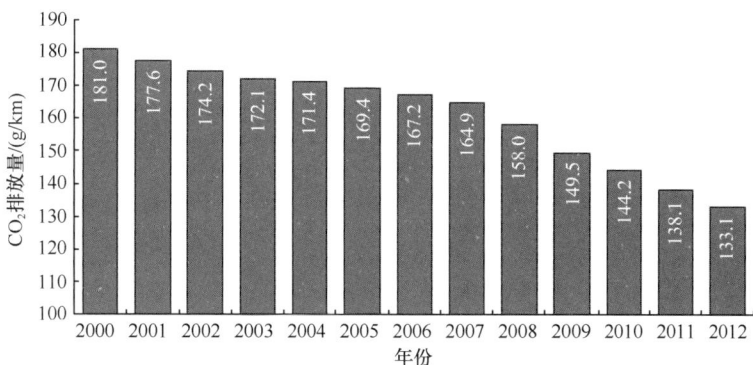

图 7-6　2000～2012 年英国出售的新汽车的 CO_2 排放量

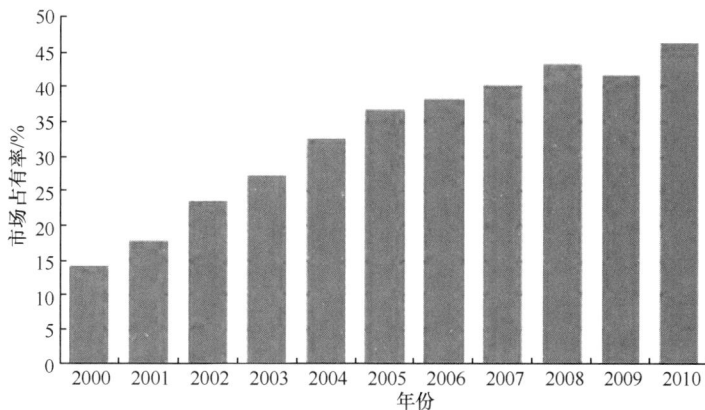

图 7-7　2000～2010 年英国境内柴油汽车的市场占有率

（二）智能交通系统

作为智能交通的重要组成，车联网技术可以在信息网络平台上对所有车辆的属性信息和静、动态信息进行有效利用，进而实现全国范围内车辆管理。专家称车联网技术能提高道路使用效率，减少约 60%的交通堵塞，实现短途运输效率提高近 70%，实现现有道路网的通行能力提高 2～3 倍。车辆在车联网体系内行驶，停车次数可以减少 30%，行车时间减少 13%～45%，车辆的使用效率能够提高 50%以上。同时，由于平均车速的提高也将带来燃料消耗量和汽车排放排量的减少，汽车油耗可由此降低 15%。为此，美国、日本、欧盟等国家和地区都致力于智能交通运输系统（ITS）的研究。

美国从 20 世纪 80 年代开始，就先后开展了与智能汽车技术相关的国家项目。

1995 年 3 月美国交通部正式出版了《国家智能交通系统项目规划》，明确规定了智能交通系统的七大领域和 29 个用户服务功能。这七大领域包括：出行和交通关系系统、出行需求管理系统、公共交通运营系统、商用车辆运营系统、电子收费系统、应急管理系统、先进的车辆控制和安全系统。1990～1997 年，美国联邦政府用于智能交通系统研究开发的年度预算总计为 12.935 亿美元，20 年发展规划投资预算约为 400 亿美元。美国政府要求将 ITS 的发展与建设纳入各级政府的基本投资计划之中，大部分资金由联邦、州和各级地方政府提供，也注重调动私营企业的投资积极性。2009 年，美国交通部发布了《智能交通系统战略研究计划：2010～2014》，计划的核心研究内容为"智能驾驶"技术，即在车辆、控制中心与驾驶者之间建立无线联系的网络，通过实时监控和预测及时沟通信息，缓解交通拥堵，减少撞车事故，降低废气排放，实现安全、灵活和对环境的友好性。

日本于 20 世纪 90 年代初就制定了大力发展智能交通系统的国家战略，其中智能汽车作为智能交通的重要组成部分，也得到了深入研究。2010 年，日本提出下一代智能交通系统的发展规划，提出通过再次整合，实现高速度、大容量的车路通信系统，将所有的智能交通服务集成在一个系统内。2011 年，日本智能交通促进协会发布了《2011～2015 年智能交通发展计划》，该计划涉及新能源交通系统、新一代协调型驾驶援助系统、信息共享型交通系统、新一代物流和区域间合作型智能交通，以及国际合作、海外技术转移等方面。

欧盟委员会近年提出了解决公路拥堵的一系列智能交通举措，包括密切跟踪信息通信技术的最新进展；构建跨城市、跨行业和跨学科的创新实体，寻求综合、适应性强、互操作和可实际推广应用的解决方案；投入巨资支持 ITS 的 50 个研发创新项目；要求成员国尽快完成相关法律程序；加强国际合作，积极推动智能交通技术的共同研发和标准的国际化。

（三）替代能源

近年来，传统能源供应趋紧、温室气体减排压力不断增大，发展替代能源已成为世界共识。由于交通部门是今后能源需求增长最快的领域之一，发展车用替代能源是推进能源替代工程的重要组成部分。目前，替代能源研究中的重点研究方向主要包括生物燃料技术、氢燃料、燃料电池、混合生物柴油燃料技术等。

欧盟委员会在 2007 年发布的《能源技术战略计划》中提出要在今后通过开发推广第二代生物燃料、混合动力技术和氢燃料来实现交通部门的低碳化，2008 年年初又提出 2020 年使可再生燃料(主要是生物燃料)满足 10%道路交通燃料需求的目标。美国在 2007 年通过的《能源独立和安全法案 2007》中要求可再生燃料使用量在 2022 年达到 360 亿加仑（约 1.1 亿 t），预计届时将占美国车用燃料的 22%。2008/2009 年度，英国交通部提供 500 万英镑的经费支持低碳技术的研发，其中生物燃料和氢技术等交通技术的开发是其重要的研究方向。另外，英国每年为低碳车辆的试运行与试验基础设施替代燃料拨款 50 万英镑。铁路运输方面，英国积极探索氢燃料电池技术和混合生物柴油燃料技术，并针对混合生物柴油燃料建立了一系列测试平台与运行试验，评估在既有内燃牵引机车车辆上使用混合生物燃料技术的风险，并评价其对环境的影响。在英国能源与气候变化部 2011 年发布的《英国可再生能源路线图》中，有关机构专门列出了有关生物燃料的目标。其中提到，英国计划到 2014 年将道路上行驶车辆使用生物燃料占道路交通所用总燃料的比例提高到 5%。

（四）噪声治理技术

英国及欧盟其他成员国的绿色低碳交通的技术创新中，都将减少铁路及公路的噪声污染作为重要的研究方向。

欧盟委员会要求成员国加大减缓噪声污染的研发投入力度，保证欧盟预防噪声污染技术的世界领先水平，加速降低噪声污染产业的可持续发展，促进欧盟的经济增长和扩大就业。欧盟第七研发框架计划（FP7）环境主题，增加了对噪声污染研发创新活动的投入。研发活动围绕噪声污染源的前中后不同阶段采用不同的技术研发路线及方法，预防和治理同时并进，希望尽早获得技术突破，注重商业化推广应用，激励社会投资形成产业。从 FP7 资助成立的多个欧洲研发团队的构成可以看出，研发团队不仅包括各专业学科参与的大学和科研机构，还包括设计咨询、金融投资和社会团体等利益相关方组织，属于典型的研发创新型公私伙伴关系（PPP）。FP7 资助的研发活动分别集中于：

——隔音分闭式建筑物及材料的设计制造；

——降低噪声污染源技术的研发创新及推广应用；

——环境噪声传播的检测与治理技术的研发及产业化。

（五）车体轻量化技术

轻量化是实现节能减排的重要手段和方法，2013 年，在气候行动计划的基础上，美国能源部宣布投资 4500 万美元支持 38 个新项目，其中先进轻量化及推进材料领域共包括 15 个项目，总投资高达 1020 万美元，研究内容包括通过研究新一代轻质材料，如先进的高强度钢、镁、铝等，使轿车的重量减轻 50%。

三、制定相应的配套政策是建设绿色交通运输体系的主要手段

政策引导是各国在建立绿色交通运输体系中普遍采用的宏观调控方式，通过合理制定的补贴、税收政策或激励机制，引导交通运输向低碳、绿色方向发展。

（一）税收政策

在公路运输方面，英国通过征收道路燃油税的方式提高汽油柴油成本，通过提供公司汽车优惠税和根据 CO_2 排放量减免车辆消费税（VED）的方式激励车辆使用更加清洁的能源，通过生物燃料优惠税待遇的方式推广包括乙醇与生物柴油在内的生物燃料。作为欧盟国家中唯一不以机动车特征为征税依据的国家，英国于 2006 年开始实行 VED 累进税制，税率取决于车辆的 CO_2 排放量，将车辆所有权的税务负担转移到车辆的使用上，进一步促进人们购买节能型汽车。欧盟从立法角度严格规定了汽车尾气排放标准，使欧盟内部市场在尾气排放方面更加整齐划一。1992 年"欧 1"标准开始推行，之后逐步加大限制 CO_2 的气体排放量力度，推出"欧 2"、"欧 3"一直到"欧 6"等一系列排放标准，督促各成员国对销售的汽车进行节能、减排改装，并修改有关立法，以税收政策惩罚尾气超标的汽车。从 2008 年起，法国针对汽车排放量实施奖惩制度，对每公里 CO_2 排放量不足 100g 的汽车给予 5000 欧元的奖金，对排放量超过 160g 的汽车征收最高 2600 欧元的尾气排放超标税。另外，2010 年起法国政府开始根据里程向重型卡车征收环保税。日本燃油征税对象覆盖范围比其他国家更广，涉及汽油税、柴油税、地方道路税、天然气税等 4 个税种。与此同时，政府对清洁型汽车提供税制优惠，免除其进口关税，并减少石油税、燃料税、消费税等，免收"下一代"车辆 3 年税费。

在航空运输方面，英国在航空部门引入碳定价，用适当的诱因促使航空业追求排放降低手段及相关新技术发展的合理成本。航空旅客税（APD）则是以税收为手段提高航空价格，抑制旅客的航空需求，促进 CO_2 减排的税制激励方式。航空旅客税针对航空排放造成的环境污染进行补偿征收，税率高低取决于行程距离及乘客所选择的舱位，自 1994 年起征以来多次调高，级差从二段式调到四段式，2010 年 11 月 1 日起再次上调至 55%。为了抑制航空运输增长，控制航空业的 CO_2 排放，欧盟

采取需求抑制的手段，致力于将航空业纳入欧盟排放交易体系。欧盟出台欧洲能源产品税收指令，改变了以往欧盟国家对国内航班燃油免税的做法，根据相互协定对成员国之间的航班上使用的燃油进行征税，并从原则上禁止建设新机场。

（二）补贴政策

英国和日本都对购置新能源、低排放汽车的车主提供相应补贴。英国为加速新能源、低能耗车辆的市场渗透，降低低碳技术公司在商业化时面对的障碍，规定凡是购买达到安全指标和低排放标准的电动车、插电式混合动力车或氢燃料电池车的车主均可获得车价 25% 的优惠，最高优惠额达 5000 英镑。日本除了补贴新建加气站和现有车辆的改装之外，自 2009 年 4 月起，向新购的环境友好车辆提供补贴（如每车 10 万日元或 1100 美元）。包括"旧车换现金"方案，向车龄 13 年以上的旧车提供高额补贴，助其更换新型环境友好型车辆（例如，每车 25 万日元或 2700 美元）。这一补贴后来扩大到小型货车、卡车及公共汽车。目前日本清洁型汽车的销售量占汽车销量的近一半。

法国政府对新能源、低能耗汽车的开发制造商提供相应补贴。例如，为制造商开发混合动力和电动汽车提供支持，根据"建议要求书"挑选出制造商，对其进行补贴贷款。

（三）其他政策

为减轻交通拥堵，改善公共服务，缩短城区通行时间并保证交通安全，2003 年，伦敦开始实行交通拥堵收费政策，该政策也被国际上认为是向道路使用者收费的最佳实践之一。该政策规定，周一至周五每天 7:00～18:00，如果是非免除限制的车辆（免除限制的车辆包括伤残驾驶者驾驶的车辆、生活在限制区域的居民驾驶车辆、替代燃料车辆等）进入限制区域，其注册人就必须支付 10 英镑的费用。有证据表明，有关免除限制车辆的规定提高了混合动力汽车的销售量。这种规定也使得在限制区域内 CO_2 的排放量降低了约 16.4%。据评估，2008 年，该政策已使交通拥挤状况比 2002 年减轻了 26%，同时提高了城市公交的利用率和效力。在交通拥挤费政策实施之初，伦敦新增了 300 辆新的公交车辆，同时公共交通基础设施也在不断得到改善。在 2005 年和 2006 年，通过该政策的执行，筹集到了 1.22 亿英镑的净收益资金，这些资金被重新投入到公共交通部门使用。

另外，英国及欧盟其他成员国都将低碳车辆或低能耗车辆列入了公共采购标准中，英国政府建立了低碳车辆的公共采购目标，由政府以身作则减少交通业 CO_2 排放量；欧盟在《促进清洁和高效道路交通工具指令》中规定相关公共部门、公营企业等在采购车辆时需考虑车辆寿命阶段的能耗、CO_2 及某些污染物排放的清洁指标等，以此推动和激励清洁高效交通工具市场的发展。

通过各种政策的宏观调控，英国境内注册的新增低排放车辆数目显著增加。根据英国运输部对 2001～2012 年新注册车辆的统计数据可以看出（图 7-8），2001～2012 年，英国境内的新增车辆从 258.6 万辆下降至 201 万辆，而 CO_2 排放量在120g/km 以下的车辆则从 14 249 辆增加至 74.39 万辆，占新增车辆的比率从 0.5%增长至 37%；而 CO_2 排放量高于 225g/km 以上的车辆从 2001 年的 9.89 万辆减少至 2012 年的 9500 辆。

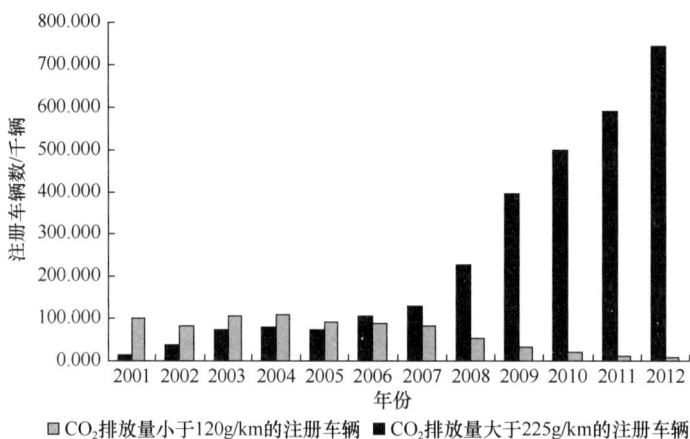

图 7-8　2001～2012 年英国新车注册情况

四、促进运量向环境友好型运输方式转移是绿色交通运输体系发展的重要方向

交通运输结构能够对其碳排放情况产生显著影响已经得到了多位研究者的公认。意大利专家针对交通运输结构进行了研究，认为交通运输结构优化能够有效促进碳减排，并得出结论：1980～1995 年，通过运输结构优化促进意大利交通运输碳减排 25%。因此，为了减少交通运输的 CO_2 排放量，发达国家采取各种手段加大了对环境友好型运输方式的支持力度，鼓励客运及货运向铁路及水运方向转移。

英国早在 20 世纪 80 年代就设立了货运设施补助基金（freight facilities grant，

FFG），鼓励货运从公路向铁路或水运转移；2007 年，制定了铁路环境效益支持计划（rail environment benefit procurement scheme，REPS），鼓励企业采用铁路进行货物运输；2011 年 1 月，英国运输部决定用运输方式转移收益资金（mode shift revenue support，MSRS）和货物水运补助资金计划（waterborne freight grant scheme，WFG）继续支持企业利用铁路和水运从事货物运输。1990～2011 年，英国公路的客运市场份额从 93%下降至 90%，铁路客运市场份额从 6%上升至 9%，铁路货运市场份额也从 1990 年的 7%上升至 2010 年的 9%。交通运输领域的温室气体排放量与 1990 年相比下降了 2%。

第八章 绿色交通运输体系建设的战略目标及重点任务

深入贯彻落实党的十八大和十八届三中、四中全会精神，坚持节约资源和保护环境的基本国策，将生态文明建设融入交通运输发展的各方面和全过程，以实现交通可持续发展为根本目的，以低能耗、低排放、低污染为特征，以统筹制定规划、调整交通结构、强化科技创新、提升管理能力为重点，以政府主导、政策激励、市场调节为主要手段，加快建设交通运输体系，为建设美丽中国提供有力支撑。

一、战 略 目 标

在各交通运输方式实现"十二五"节能环保目标的前提下，坚持节约资源和保护环境的基本国策，坚持节约优先、保护优先、自然恢复为主的方针，认真贯彻执行环境保护相关法律、法规和标准，加大交通运输领域的环境保护监管力度，增加技术创新投入，着力推进绿色交通运输体系的建设。至 2020 年，在保证实现国务院确定的单位 GDP 的 CO_2 排放比 2005 年下降 40%～45% 的前提下，交通结构进一步优化，交通环境污染得到有效控制，科技支撑能力显著增长，初步建立绿色交通运输管理体系。至 2050 年，交通运输法律、法规、标准健全，管理体制机制完善，科技研发与应用水平显著提升，高效信息服务体系形成，能源和资源利用效率显著提高，中国绿色交通运输体系全面建成。

（一）交通结构进一步优化

铁路、水路、管道在综合运输中的承运比例不断提高，铁路、公路、水路、民航和城市交通等不同交通方式之间的衔接更加顺畅、组织更加高效；大幅提高公共交通出行分担比例，积极发展多种形式的大容量公共交通，提高线网密度和站点覆盖率，构建安全可靠、方便快捷、经济适用的公共交通系统；私人小汽车的增长率得到有效抑制，初步形成结构合理、高效便捷、经济环保的综合交通运输体系。

（二）交通环境污染得到有效控制

分阶段逐步提高能源利用效率，降低交通运输环境污染。根据经济社会发展水平、环境质量状况、实际排污情况和国家有关规定，制定各运输方式主要污染物的减排指标，采取有效措施，确保各指标按时完成。至 2020 年末，公路、铁路、民航及水运的碳排放量、化学需氧量（COD）、总悬浮颗粒物（TSP）、污水等污染物基本实现达标排放，能耗显著降低，噪声污染得到有效控制。交通基础设施施工过程中产生污水、内河港口生产污水、散货码头粉尘等行业环保的薄弱环节得到有效改善，港区和路域环境质量明显好转。目前，交通运输部与民航局分别针对公路、水路、城市客运及民航等运输方式制定了至 2020 年的节能减排目标。

公路运输方面，至 2020 年，营运车辆单位运输周转量能耗比 2005 年下降 16%，其中，营运客车下降 8%，营运货车下降 18%；营运车辆单位运输周转量 CO_2 排放比 2005 年下降 18%，其中，营运客车下降 9%，营运货车下降 20%。

水路运输方面，至 2020 年，营运船舶单位运输周转量能耗比 2005 年下降 20%，其中，内河船舶下降 20%，海洋船舶下降 20%，港口生产单位吞吐量综合能耗下降 10%；营运船舶单位运输周转量 CO_2 排放比 2005 年下降 22%，其中，内河船舶下降 23%，海洋船舶下降 21%，港口生产单位吞吐量 CO_2 排放下降 12%。

城市客运方面，至 2020 年，城市客运单位人次能耗比 2005 年下降 17%；城市客运单位人次 CO_2 排放比 2005 年下降 20%。

民用航空方面，至 2020 年，民航单位产出能耗和排放（收入吨公里能耗和收入吨公里 CO_2 排放）比 2005 年下降 22%。

铁路运输方面，至 2020 年，国家铁路单位运输工作量综合能耗比 2005 年下降 29%；单位换算周转量 COD 排放比 2005 年下降 45%，单位换算周转量 SO_2 排放量比 2005 年下降 44%。

依据交通运输部《绿色循环低碳交通运输省份评价考核指标体系（试行）》，设定了《2020 年交通运输行业生态文明建设考核指标》，见表 8-1。

（三）绿色交通科技支撑能力显著增长

在高效运输技术、智能交通技术、节能减排技术、污染治理技术、替代能源技术、生态恢复技术等领域取得突破，增强科技创新对绿色交通运输体系建设的支撑作用；节能减排、环境保护科技创新体系进一步健全，成果转化与产品推广力度进

表 8-1　2020 年交通运输行业生态文明建设考核指标

指标类型		序号	指标名称	单位	2020	指标属性
强度性指标	能源消耗强度	1	营运车辆单位运输周转量能耗下降率	%	14.6	约束性指标
		2	营运船舶单位运输周转量能耗下降率	%	17	约束性指标
		3	港口生产单位吞吐量综合能耗下降率	%	11.6	约束性指标
		4	城市公交单位客运量能耗下降率	%	15.4	约束性指标
		5	城市出租汽车单位客运量能耗下降率	%	21.8	约束性指标
	碳排放强度	6	营运车辆单位运输周转量 CO_2 排放下降率	%	19	约束性指标
		7	营运船舶单位运输周转量 CO_2 排放下降率	%	19.6	约束性指标
		8	港口生产单位吞吐量综合 CO_2 排放下降率	%	16.2	约束性指标
		9	城市公交单位客运量 CO_2 排放下降率	%	21.6	约束性指标
		10	城市出租汽车单位客运量 CO_2 排放下降率	%	33.3	约束性指标
体系性指标	基础设施	11	区域交通基础设施布局及结构优化情况	—	全面推进	预期性指标
		12	每万人城市轨道交通与公交专用道里程数	km	0.3	预期性指标
	运输装备	13	节能环保型营运车辆占比：	%		约束性指标
			城市公交车		34	
			出租车		68	
			营运客货车		3	
		14	节能环保型营运船舶占比	%	4	约束性指标
	运输组织	15	区域交通运输一体化推进情况	%	50	预期性指标
		16	物流公共信息平台覆盖率	%	100	预期性指标
保障性指标		17	节能减排组织机构及工作机制建设	—	高效运转	约束性指标
		18	节能减排统计监测体系建设	—	全面建成	约束性指标
		19	节能减排市场机制推进	—	成熟推进	约束性指标
		20	节能减排宣传培训	—	常态化	约束性指标
特色性指标		21	列入交通运输部建设绿色循环低碳交通运输区域性、主题性项目总数	个	8	预期性指标
		22	列入国家、相关部委节能减排示范城市总数	个	5	预期性指标
		23	列入国家、相关部委、省节能减排试点示范项目总数	个	70	预期性指标

注：①主要依据交通运输部《绿色循环低碳交通运输省份评价考核指标体系（试行）》设定。②表中规划目标基年为 2010 年。③指标属性：预期性指标是政府期望的发展目标，主要依靠市场主体的自主行为来实现。约束性指标就是政府在公共服务和涉及公共利益领域对有关部门提出的工作要求，政府要通过合理配置公共资源和有效运用行政力量，确保有关指标的实现

一步提高；节能减排、环境保护技术服务体系进一步完善，培养壮大一批专业化的节能减排、环境保护科研工作人员；节能减排、环境保护服务产业化水平明显提高，初步建成适应行业需求、创新能力强的交通生态保护科研体系。

（四）绿色交通运输管理体系基本建立

优化各级交通运输环境保护管理机构设置，明确职责范围与监管模式，逐步完善涵盖交通规划、基础设施建设与养护管理、交通运输服务等所有环节的节能环保法规政策体系和技术标准体系，以及交通运输节能环保监测、统计和考核体系。

二、重点任务

建设绿色交通运输体系需制定与资源承载环境能力相适应的交通运输发展战略规划，指导交通运输业向着绿色、可持续性的目标科学有序发展；应不断调整优化运输结构，促进运量向环境友好型运输方式转移；在城市交通中，应优先发展城市公交，倡导社会建立绿色出行方式；应积极建立综合交通枢纽，加强各运输方式之间的有效衔接；加快构建环境保护管理体制，制定相关法律法规与技术标准，加强环境保护的监管力度，不断完善交通运输环境保护体制机制；大力支持与绿色交通运输相关的技术创新，以技术创新引领交通运输业的绿色发展。具体任务如下。

（一）统筹制定绿色交通运输发展规划，控制交通需求总量的过快增长

城市规划、工业战略布局、土地利用模式都会影响交通运输的需求总量及运输距离，是影响绿色交通的重要因素。合理的城市规划、工业战略布局及土地利用模式，能够减少交通需求总量，改变交通需求的若干特性，实现减少交通有害气体排放总量的目的。因此，我国应以建设绿色交通运输体系为目标，将交通运输发展规划同城市规划、工业战略布局、土地利用模式、生态环境保护等统筹规划，建立与资源环境承载能力相适应的交通运输发展战略，尽可能减少重复、迂回等运输，降低运输强度，减少对运输资源的过分占用，减少运输对社会外部环境的损害，指导交通运输业科学、有序发展。

（二）优化运输结构，促进运量向环境友好型运输方式转移

铁路、水运是公认的环境友好型交通运输方式，应逐步调整交通运输基础投资结构，逐步向运能大、能耗低和污染小的铁路、水运和管道等节能型运输方式倾斜，促进环境友好型交通运输方式的持续发展。增加铁路和内河航道投资，强化铁路、水运通道和管道骨干网络建设，优化运输产品，促进公路目前承担的不合理运量向铁路、水运转移。加强不同运输方式之间的协调与配合，形成各种运输方式紧密衔接、按照比较优势分工协作的高效交通运输体系，加快推动公路、铁路绿化建设步伐，建成绿色交通走廊。

（三）推广应用新能源和清洁能源车船，逐步优化用能结构

积极推广清洁能源环保汽车，大力加强加气、充电等配套设施的规划与建设；加快促进 LNG 船舶技术标准和管理规定的出台，推进 LNG 等清洁能源为动力的船舶的应用；优先在公交车、出租车、专用车、公务车等公共服务领域及家用领域推广应用新能源车，加快新能源汽车充换电设施建设，逐步实现充换电设施服务网络化辐射，保障新能源汽车充换电需求。研究制定清洁能源和新能源车辆的购置、使用优惠政策，包括政府优先采购、对新能源车和节能车辆实施一定奖励、提供道路行驶优先权、停车优先权、减免道路附加费等。

（四）优先发展城市公交，倡导建立绿色出行方式

贯彻公交优先发展政策，确立公共交通在绿色交通运输体系中的主导地位，加快发展大运量、低污染、低能耗、快捷的城市公共交通体系，扩展服务网络，改善运力配置与换乘条件，提高公共交通的可达性和服务水平。在大城市，推进轨道交通建设，发挥其大运量、快速、准时、舒适的特点，满足中远距离运输需求；发挥清洁能源公共汽车、电车机动灵活的优势，满足中、短途运输需求；大幅度改善步行与自行车出行的交通环境，为其提供安全、连续的通行空间，并解决好与公共交通的接驳换乘问题。

（五）改善综合交通枢纽布局规划，加强各运输方式之间的有效衔接

充分发挥综合交通枢纽在协调各种运输方式、提高交通运输整体效率、降低物流成本方面的核心作用。根据城市空间形态、旅客出行等特征，合理布局

不同层次、不同功能的客运枢纽，按照"零距离换乘"的要求，加强城市轨道交通、地面公共交通、私人交通等设施彼此之间，以及与干线铁路、干线公路、机场等的紧密衔接，建立主要单体枢纽之间的快速直接连接，使各种运输方式有机衔接。统筹货运枢纽与产业园区、物流园区等的空间布局，按照货运"无缝化衔接"的要求，改善货运枢纽的集疏运功能，提高货物换装的便捷性、兼容性和安全性。

（六）加强节能环保工作的管理，推动绿色交通运输的发展

深入探索并不断完善交通运输绿色发展管理体制，规范运输市场，落实政府"统筹规划、掌握政策、信息引导、组织服务、监督检查"的具体职能。2013年，铁路政府管理职能并入了交通运输部，实现了铁路、公路、水路、民航等多种交通方式的集中管理，"大交通"格局基本形成。应充分发挥"大交通"的优势，加强组织引导，建立综合协调的交通运输管理体制，协调各种交通方式的有机衔接，提高交通运输系统的利用效率，减少重复建设和投资浪费；明确各级交通运输环境保护机构设置和工作职责，建立健全管理工作机制，完善管理手段，创新管理方法，满足交通运输行业环境保护管理工作的要求。在大城市加强交通需求管理，通过车辆总量控制、提高购置门槛、限行、增加使用成本等措施，抑制小汽车的过度使用。完善相关管理规范及技术标准，强化绿色交通运输体系发展的制度建设。提高车辆排放标准，改善燃油质量，加速实施国Ⅴ车用燃油标准的进程。

（七）发展智能交通，提高交通基础设施的使用效率和服务水平

发展智能交通，实现人、车、路、环境之间的相互感知、信息互通与利用。加强智能交通的信息采集、网络传输、交通大数据处理、自动驾驶等关键技术自主化研发和应用推广，通过交通信息发布、诱导服务、交通信号协调控制，提高交通系统使用效率和安全水平，减少能耗与废弃物排放，并为缓解道路拥堵作出贡献。

（八）加强科技创新，提高交通运输节能减排综合水平

加快绿色交通的技术创新步伐，加大绿色环保技术在交通基础设施中的开发和应用，加强对既有科技成果的应用推广和完善，加快交通行业节能减排基础性、前瞻性、战略性研究，不断增强绿色交通运输的总体科技水平。

1. 重点推广技术

轨道交通领域：在基础设施建设和改造方面，大力发展电气化铁路，积极推进货运重载化，进一步提高铁路运输能力；在铁路车站、站场积极推广太阳能、风能、地热能等新能源和替代能源，以及高效光源、灯具及照明智能控制技术，加大地源热泵空调系统推广力度，不断降低非牵引能耗；在铁路沿线大力推广恢复、再造植被和林带新技术，广泛采用轨道结构减振、声屏障等新材料、新措施，通过采用减振降噪、废弃物处理、废气排放控制、电磁辐射防治、铁路沿线绿化及生态保护等相关技术，有效降低铁路运输对环境的影响和污染。在载运工具方面，实施内燃机车、电力机车节油节电、动态无功补偿等技术改造。

公路运输领域：在基础设施建设和改造方面，推广低碳公路设计技术及公路沿线设施用电节能技术；在载运工具方面，推进清洁能源与新能源汽车的应用，加快加气站、充电站等配套设施规划和建设；推广大吨位货车技术和大容量双层客车技术；推广应用车辆发动机热效率提升技术、汽车轻质化技术、制动能回收利用技术、废气余热利用技术和附属设备节能减排技术；推广使用汽车节能产品技术，包括燃油节能添加剂、润滑油节能添加剂、高能电子点火器、调稀混合气类节油产品等。在运输组织管理方面，充分利用现有车辆运力资源，结合车辆实载率水平，合理配置车辆；推广运输组织方式优化技术，大力发展甩挂运输，提高载货汽车的拖挂车比例，减少空驶里程，提高实载率，降低油耗；推广汽车节能驾驶技术推广，包括驾驶模拟器、多媒体教学系统、学时记录仪等设备技术。

城市智能交通领域：推广交通拥挤缓解技术、交通流管理技术及交通信息化与智能交通技术，包括以全球卫星定位和数字地图为支撑的导航系统、以移动通信和传感器为支撑的车队管理系统、以专用短程通信为支撑的不停车收费（ETC）技术、以数字技术和广播技术为支撑的交通广播信息服务系统、以自适应控制为支撑的交通控制系统（UTMS）等；推行节能驾驶，倡导绿色出行；加强系统顶层设计，充分发挥顶层设计在系统资源共享、系统整体能力发挥、系统功能要求可持续性等方面的作用，构建统一高效、功能强大、先进适用的智能交通系统；从规划设计阶段入手，最大程度实现交通、公安、城管、国土等多个职能部门和各交通企业之间的资源共享；充分利用3S技术、通信技术、数据融合与挖掘技术，加强智能交通系统的软件开发与功能提升；明确我国智能交通系统标准的覆盖范围，加快制定与完善相关技术规范与标准；加大关键技术的研发力度，开发自主知识产权产品，如结合我国混合交通流特点、具有自主知识产权的城市交通信号控制系统等。

水路运输领域：在基础设施建设和改造方面，提高航道的通航等级状况，提高船舶平均吨位，优化船舶运力结构；积极推进靠港船舶使用岸电技术、集装箱码头RTG（轮胎式集装箱门式起重机）"油改电"技术和港口带式输送机节能技术的开发及应用。在载运工具方面，推广天然气船舶在水路运输中的应用；推广使用船用燃油添加剂；提高船舶设计水平，优化船型设计，提高大吨位货船技术。在船舶动力及配套装置方面，大力推广节能型大功率主机、新型螺旋桨、主机余热回收利用技术、电子定时旋流喷雾式气缸油润滑系统、排气扩压管节能技术和轴带发电机节能技术；持续推进船、机、桨匹配优化技术，改善船、机、桨匹配的螺旋桨削边技术，提高螺旋桨推进效率，推广水动力节能附加装置，积极采用风力及其他助推方式。在运输组织管理方面，积极推广船舶运输节能综合优化技术，优化船舶航行工况和编组队形，积极利用潮流和涸航；通过应用卫星导航技术，合理设计航线，实行经济航速，减少航行里程；加强船舶辅助用能的管理，尽量减少船舶的辅助用能；提高船舶载重量利用率和货物对流系数，优化营运管理水平，缩短码头靠泊时间。

港口生产领域：在基础设施建设和改造方面，加强新建港口工程项目装卸工艺和设备选型的设计水平；新建港区或老港区电网改造时，积极采用先进技术，治理高次谐波，减少高次谐波产生的附加损耗；在大型专业化码头推广变频调速、自动化系统控制技术；在港口积极采用节能灯具，合理控制港区照明的开启时间，大力推广地源热泵供热和制冷的节能方法或技术。在港口载运工具方面，积极推广散货码头皮带机系统节能控制技术、码头运输车辆和流动机械的先进内燃机节油技术、电能回馈和储能回用技术。在港口生产组织管理方面，科学配置装卸机械，合理安排工艺流程及作业时间，优化装卸工艺，推广应用集装箱堆场管理信息系统。

航空运输领域：在基础设施建设和改造方面，在新建机场和既有机场改扩建中，大力加强节能新技术的应用，优先采用高效率、低能耗的设计方案；支持机场加快节能新技术、新装备的推广应用，为航空公司提高运行效率、降低能耗提供条件；鼓励机场通过技术改造和更新换代加快淘汰高耗能老旧设施设备，减少场内设备运行耗能和排放；进一步加强噪声监控，减少噪声对机场周边环境的影响。在载运工具方面，加强节油措施在全行业的推广，通过飞行运行节油试点和示范，引领行业整体水平提高。在运输组织管理方面，推广使用飞行运行控制系统，制定精确的飞行计划；建立飞机运行的全程监控，提高运行经济效率；优化航线网络和运力配备，改善机队结构，提高运输效率；优化空域结构，提高空域资源配置使用效率。

2. 完善后推广技术

轨道交通领域：在基础设施建设和改造方面，深化研究高速铁路沿线的防风、防沙、治沙技术，以及高速铁路设施设备的减振降噪技术、生态保护和水土保持技术；进一步推进客运站节能优化设计，加强大型客运站能耗综合管理。在载运工具方面，通过车辆轻量化、开发低空气阻力车辆、研究供电系统的降耗及储能技术等方式，进一步推进铁路节能；深化研究降低牵引传动损耗、列车黏着充分利用、节能型空调、车内废弃物排放和能源回收等关键技术。

公路运输领域：在基础设施建设和改造方面，加强温拌沥青及沥青路面冷再生技术在道路建设与养护工程中的应用；推进地源热泵技术在高速公路的应用；深化研究公路隧道通风智能控制系统、公路沿线设施建筑节能技术、公路建设施工期集中供电技术及太阳能在交通运输基础设施中的应用技术。在载运工具方面，推广使用绿色汽车维修技术和机动车驾驶培训模拟装置。在运输组织管理方面，研发、推广营运车辆智能化运营管理系统、车辆超限超载不停车（高速）预检管理系统；加快建设、推广公众出行信息服务系统、物流公共信息平台、公共自行车服务系统、高速公路低碳运行指示系统及能耗统计监测管理信息系统。

城市智能交通领域：逐步实现运行监测、预警、诊断、决策，以及交通运行组织和服务诱导全面智能化；通过实施智能交通管理系统、智能车辆运行管理系统等技术，提高现有交通基础设施的运行效率和交通供给能力；通过加快实施交通信息服务、交通拥堵收费等系统，改善交通需求的时空分布特性，削峰填谷，缓解交通需求与供给矛盾。

水路运输领域：在载运工具方面，深入推广营运船舶节能技术、施工船舶节能技术；组织开展内河船舶电力推进系统、多功能航标成套技术的推广应用。在运输组织管理方面，积极推进港口供电设施节能技术、港口机械自动控制系统节能技术的应用；加快建设港口智能化运营管理系统、内河船舶免停靠报港信息服务系统。

航空运输领域：在基础设施建设和改造方面，完善现行通信、导航、监视系统，完善空管设施和功能。在载运工具方面，积极开展航空生物燃料研发与推广工作；积极开发应用与飞行节油和减少排放相关的技术，重点研究飞行操纵、装载配平、维护维修等与航班运行节油相关的实用技术；开发应用航空器飞行及地面运行节油相关实用技术。在运输组织管理方面，加强航空气象预报能力建设，完善航空气象系统和气象情报信息网络，提升气象服务水平，努力减少天气对飞行造成的影响；研究利用气象条件，调整燃油携带量和配载，灵活选择航线和飞行高度；研究利用空域和地形特点，充分发挥飞机性能节油。

3. 前沿探索技术

轨道交通领域：铁路方面，重点加强载运工具关键技术与装备的研发，积极开发高速列车、重载列车、大功率机车等高效运输装备，重点研究高速铁路新型列车控制和永磁同步牵引调速系统、车辆制造、线路建设和系统集成等关键技术；围绕更高速度高速列车的研制和运行，开展高速列车新型减阻、降噪技术和动力学等系统问题研究。城市轨道交通方面，加强低地板轻轨列车、轨道交通高清视频监控系统、无人驾驶等技术研发。

公路运输领域：加强载运工具动力技术研发，积极开发利用清洁能源技术替代化石能源，如风力发电、太阳能发电、水力发电技术、地热供暖与发电技术、生物质燃料技术、核能技术等；研究替代能源在公路运输装备上的应用，如电能、氢气、甲醇、乙醇、天然气、液化石油气、二甲醚、太阳能和生物质能等。

城市智能交通领域：着力开发新一代智能交通系统，加强自动驾驶、物联网等技术研发，利用物联网传感器技术实现路网交通状态和车辆身份信息的实时感知和精确采集，促进交通管理部门实现交通事件的"事后处置"向"事前预警"转变；充分发挥云计算、大数据技术等在数据处理中的作用，将智能交通与"智慧城市"、"智慧地球"进一步融合；深入开展移动互联网、传感器网络、新一代通信技术等互联互通信息技术的研发，着力解决车车通信、车路通信的实时数据获取及传输问题，形成可以实时反馈的动态控制系统，使出行者、车辆和道路可以形成互相连接和互动的系统；以专用短程通信、汽车电控系统和车载信息终端为依托，结合其他商用移动通信系统，实现汽车与汽车之间、汽车与基础设施之间的"对话"，建立合作式智能交通系统，以汽车为中心，避免车辆碰撞，保证行驶安全；利用智能手机和移动互联网技术，将智能手机作为人机接口，开发智能交通服务系统；研究连接现有交通控制系统与自动驾驶系统之间的交通控制理论与方法，实时采集车辆的速度、位置、轨迹，甚至出行路径等信息，通过车辆与交通控制中心的双向反馈式信息交互，将被动适应交通流的控制方式转变为主动调整，实现下一代智慧主动型交通控制系统；加强城市公共交通协调调度的研发力度，探索基于云服务模式的公交智能调度模式，实现各种资源的动态、精细化管理，提高运输组织效率；研究确定北斗卫星导航在国内智能交通领域的应用前景；研发生态智能交通系统，在智能驾驶和自动驾驶系统中将能耗和排放指标作为系统的控制参数之一，在保证安全的前提下，实现车辆行驶速度和能耗双指标的最优控制。

水路运输领域：开发、利用核能、风能、电能、磁能、海流和太阳能等有可能成为船舶动力的新能源；研发港口可再生能源利用技术，主要在港口照明、采暖、制冷及洗浴等港口辅助生产用能方面，推广应用太阳能、地源热泵及海水源热泵技术、潮汐能利用技术、小型风能利用装置等可再生资源利用技术。

航空运输领域：在载运工具方面，研究低空多用途通用航空飞行器。在运输组织管理领域，充分利用卫星导航、自动相关监视（ADSB）、区域导航、所需导航性能（RNP）、缩小垂直间隔（RVSM）、连续下降进近（CDA）等航线新技术缩短飞行路线，保持最佳飞行高度，提高空域管理水平和运行效益。

第九章　绿色交通运输体系建设的配套措施

一、加强组织领导

完善多部门协同推进机制，强化综合协调，加强与发展改革、国土资源、财政、税收、科技、环保、工信、统计等相关部门之间的信息共享与协同合作。充分发挥各种交通方式集中管理的优势，深化"大部制"改革成果，加强组织引导，加强各种交通方式的有机衔接，提高交通运输系统的利用效率，减少重复建设和投资浪费。不断完善交通运输绿色发展管理体制，明确各级交通运输环境保护机构设置和工作职责，建立健全管理工作机制，完善管理手段，创新管理方法，满足交通运输行业环境保护管理工作的要求。

二、提升监管能力

改进交通运输规划环境影响评价制度和工程环境监理制度，逐步形成覆盖交通运输规划、建设、运行全过程的监管体系；加强环境监测、环保统计、环境监理等相关工作，加快建设满足环保管理实际需求的环境监测网，逐步建立全面、准确、翔实的交通运输环保统计资料库，形成全国交通运输环保统计和公报制度，为绿色交通运输决策提供可靠的依据；制定严格的交通运输环境保护指标考核制度，将有效的监督管理工作融入绿色交通运输体系规划、建设、运行的全过程中。

三、完善激励机制

加人与绿色交通运输体系建设相关的技术资金投入，引导和鼓励企业和科研单位加大节能投入；完善交通科技创新体系，充分发挥交通企业在技术创新中的主体作用，鼓励企业开展技术创新，促进产学研相结合，整合交通科技资源，提高科技创新能力，加速绿色交通技术的开发与应用；建立有利于绿色交通发展的科技创新评价、考核及激励机制，采取政策引导、投资支持等手段，鼓励新技术、新材料、新能源、新工艺在绿色交通建设、运营、管理、服务中的应用；切实加强交通行业技术创新与科技成果的应用推广，发挥科技的支撑和引领作用，提升资源节约、环境保护的能力，注重政策、法规、体制、机制等软环境建设，为推进科技创新提供动力。

四、强化考核评价

建立健全与交通运输行业节能减排评价考核工作相适应的节能减排监测体系，运用信息化手段进一步加强行业节能减排统计、监测业务能力建设，提高数据来源可信度可靠性，强化节能减排统计监测指标的调查、分析和发布工作。将资源消耗、环境损害、生态效益纳入交通运输发展评价体系，构筑完善的绿色交通运输发展评价体系，对交通项目在决策、建设、竣工、营运、管理等各阶段的资源使用和生态环境影响进行科学、准确的评估；研究制定并严格落实绿色交通运输发展考核评价办法，建立健全交通运输生态环境保护责任追究制度和环境损害赔偿制度，促使政府部门、建设单位、社会公众、环评机构等各类法律主体认真落实制度要求，对工作成效突出的地区和单位给予表彰和奖励，对工作推进缓慢的地区和单位及时进行督导，对那些不顾生态环境盲目决策、造成严重后果的人，必须追究其责任。

五、完善相关法律法规及技术标准

加强交通运输绿色发展的立法工作，尽快制定与交通运输绿色发展有关的法律、法规，研究制定《交通运输节约能源管理办法》，不断完善法律法规体系，使交通行业的资源节约和环境保护制度化、规范化、法制化；建立健全资源节约、环境友好的交通运输政策体系，建立分层次、分类别的交通运输节能减排规划，结合当前温室气体减排、氮氧化物总量控制、$PM_{2.5}$治理等工作部署，进一步完善低碳交通监测、统计考核等方面的规章、制度，实行严格的资源消耗和污染排放控制，强化交通节约资源、环境保护工作的强制约束力；进一步完善节能减排、环境保护等技术标准体系，促进行业节能减排、环境保护工作的规范化。

六、完善交通运输环境保护财政政策体系

建立长期、稳定的交通运输环保投入机制，逐步加大政府对交通运输业节能减

排专项资金的投入；建立各项相关资金之间的配套、协调机制，真正发挥各项资金的使用效率；有效统筹和监管用于交通运输节能减排、环境保护相关的各项资金，明确各级交通运输机构环境保护公共财政的支出范围、对象、规模等，确保交通运输环境保护设施运行维护资金和管理工作经费。

七、以市场机制推动绿色交通运输体系建设

健全自然资源资产产权制度和用途管制制度，形成归属清晰、权责明确、监管有效的自然资源资产产权制度。实行资源有偿使用制度，加快自然资源及其产品价格改革，全面反映市场供求、资源稀缺程度、生态环境损害成本和修复效益，坚持使用资源付费和谁污染环境、谁破坏生态谁付费原则，建立完善的交通运输环境资源税、环境税等税收体系；积极推动碳税、燃油消费税等绿色财税制度改革，实施差异化的车船使用税、通行费等政策，探索拥挤收费等经济政策；大力推广合同能源管理，通过启动合同能源管理示范项目，使合同能源管理成为推进交通运输低碳转型的重要机制；坚持谁受益、谁补偿原则，加快建立交通运输生态补偿机制，确定交通运输生态补偿的范围和标准。充分利用碳排放交易、PPP 模式等市场机制推进行业绿色发展。发展环保市场，推行节能量、碳排放权、排污权、水权交易制度，拓宽环境保护融资渠道，将政府管理与市场机制有机结合起来，建立多方参与的环保投入机制，通过政府的财政支持，创造有利条件，引导社会资金投入交通运输业节能减排及环境保护领域，提高环保投资效率，推行环境污染第三方治理。

主要参考文献

蔡凤田, 刘莉, 韩立波. 2006. 公路运输能源消费现状及其节能降耗对策. 交通节能与环保, 3: 98-101

国家统计局能源统计司. 1990-2013. 中国能源统计年鉴. 北京: 中国统计出版社

国务院. 2007. 关于印发国家环境保护"十一五"规划的通知. 国发〔2007〕37 号

国务院. 2007. 国务院批转节能减排统计监测及考核实施方案和办法的通知. 国发〔2007〕36 号

交通运输部. 2008. 关于印发公路水路交通节能中长期规划纲要的通知. 交规划发〔2008〕331 号

交通运输部. 2011. 公路水路交通运输节能减排"十二五"规划. 交政法发〔2011〕315 号

交通运输部公路科学研究院, 交通运输部水运科学研究院, 中交水运规划设计院. 2007. 交通运输部软科学项目研究成果

交通运输部科学研究院, 等. 2007. 资源节约型、环境友好型交通发展模式研究

交通运输部科学研究院, 等. 2011. 建设低碳交通运输体系研究

交通运输部科学研究院. 2005. 节约型交通行业发展战略研究

交通运输部法制司(原交通部体改法规司). 2006. 关于进一步加强交通行业节能减排工作的若干意见. 交体法发〔2006〕198 号

交通运输部法制司(原交通部体改法规司). 2006. 交通行业全面贯彻落实国务院关于加强节能工作的决定的指导意见. 交体法发〔2006〕592 号

交通运输部综合规划司. 1990-2012. 全国交通统计资料汇编. 中华人民共和国交通运输部

交通运输部综合规划司. 2006. 建设节约型交通指导意见. 交规划发〔2006〕141 号

李显生, 王云龙, 蔡凤田, 等. 2008. 道路运输企业公营私营车辆能耗差异分析研究. 交通与计算机, 26(3): 76-78

刘莉, 董国亮, 王云龙, 等. 2008. 公路运输能源消耗统计指标研究. 交通节能与环保, (3): 16-22

梅娟, 范钦华, 赵由才, 等. 2009. 交通运输领域温室气体减排与控制技术. 北京: 化学工业出版社

彭家惠, 林学山, 姜涵. 2008. 重庆市终端能源消耗计算与分析. 建设科技, (19): 109-111

日本能源经济研究所. 2013. 日本能源与经济统计手册

吴文化. 2007. 我国交通运输行业能源消费和排放与典型国家的比较. 中国能源, 29(10): 19-23

金约夫. 2002. 关于中国汽车燃料经济性标准及燃料经济性政策研究. 中国标准化, (7): 8-10

中华人民共和国统计局. 1990-2013. 中国统计年鉴. 北京: 中国统计出版社

中华人民共和国交通运输部. 1990-2013. 中国交通运输统计年鉴. 北京: 中国统计出版社

European Commission SAVE-ODYSSEE Project. 2013. Enterdata, ODYSSEE database. www.odyssee-indicators.org.2013-6

GB 19578—2014. 乘用车燃料消耗量限值

GB 20997—2007. 轻型商用车燃料消耗量限值

JT 711—2008. 营运客车燃料消耗量限值及测量方法

Stacy C. Davis, Susan W. Diegel, Robert G. Boundy. 2013. Transportation Energy Data Book. Edition 31. USA. Oak Ridge National Laboratory

节能环保产业篇

第十章　我国节能环保产业发展现状

《"十二五"节能环保产业发展规划》（国发〔2012〕19 号）文件指出，"节能环保产业"是指为节约能源资源、发展循环经济、保护生态环境提供物质基础和技术保障的产业，主要包括节能、资源循环利用和环保 3 个领域的技术装备、产品和服务等，是国家加快培育和发展的 7 个战略新兴产业之一。近几年来，加快发展节能环保产业已经成为推进我国产业结构调整、转变经济发展方式的重要途径。2015 年李克强总理在《政府工作报告》中明确指出我国节能环保市场潜力巨大，要将节能环保产业打造成新兴的支柱产业。

"十二五"以来，我们深刻认识到，加快发展节能环保产业，是调整经济结构、转变经济发展方式的内在要求，是推动节能减排，发展绿色经济和循环经济，建设资源节约型环境友好型社会，积极应对气候变化，抢占未来竞争制高点的战略选择。随着能源安全、环境保护等制约我国经济持续发展的客观现实逐步为大众熟知，有利于推动节能环保产业快速发展的社会舆论环境正逐步形成。国家层面对产业发展的高度重视及社会层面呼吁节能环保的舆论氛围将有力促进落实产业政策，严格执行法律法规，强化标准制定及实施，从而带动节能环保产业加速发展。

截至 2013 年，我国节能环保产业总产值达到 3.7 万亿元，已经完成"十二五"规划目标 4.5 万亿元的 82.2%，已经逐渐成为我国国民经济的重要组成部分。同时，节能环保产业快速发展带动技术装备（含节能、环保及资源综合利用等领域）水平稳步提高，既加快了钢铁、石化、有色金属及建材等传统高耗能行业的节能环保技术改造，推动我国工业绿色发展的基础逐步形成；又支撑我国陆续实施了城市矿产示范基地、餐厨废弃物资源化利用和无害化处理试点城市等资源综合利用示范试点建设，将有力促进我国"十三五"时期资源综合利用产业快速发展。

一、政　策　环　境

"十一五"以来,政府将节能环保产业视为国民经济和社会发展的重要战略支柱。节能环保产业属于政策法规驱动型产业，为促进产业快速发展，我国政府从法律法规、政策引导、财政激励及税收优惠等方面多措并举，营造了利于节能环保产业健康发展的政策环境。

（一）法律法规

在节能产业方面，完成了《节约能源法》（2007）的修订，并据此相继颁布了公共机构节能条例、民用建筑节能条例及其他国家/地方节能法配套法规等。在环保产业方面，完成了《环境保护法》的修订工作，新《环境保护法》已于2015年1月1日正式实施。在资源循环利用产业方面，《中华人民共和国循环经济促进法》（以下简称《循环经济促进法》）已于2009年1月1日正式实施。

（二）政策引导

"十一五"以来，国务院陆续出台了《国务院关于加快培育和发展战略性新兴产业的决定》等系列文件；制定了节能环保产业、循环经济等"十二五"发展规划；发布了《国家重点节能技术推广目录》（1～6批）及《国家重点节能低碳技术推广目录》（2014年本，节能部分）等多批次技术目录。

（三）财政激励

节能产业方面，陆续推出了节能技改财政资助、节能技术示范推广财政资助、合同能源管理项目财政奖励、节能产品惠民工程财政补贴及节能产品政府采购等激励措施。环保产业方面，出台和完善了燃煤电厂环保电价政策、城镇生活污水处理收费制度和垃圾焚烧标杆电价政策等，排污权交易和碳排放交易财政激励政策在试点中逐步完善。资源循环利用产业方面，对循环经济重大项目/技术示范产业化项目，财政直接投资或进行资金补助、贷款贴息等。

（四）税收优惠

节能产业方面，国家对节能服务公司实施合同能源管理项目取得的营业税应税收入，暂免征收营业税，对合同能源管理项目中形成的、无偿转让给用能单位的资产，免征增值税。节能服务公司实施合同能源管理项目，符合税法有关规定的，自项目取得第一笔生产经营收入所属纳税年度起，第一年至第三年免征企业所得税，第四年至第六年减半征收企业所得税。环保产业方面，国家对节能节水设备企业所得税和环保设备企业所得税进行优惠。资源循环利用产业方面，国家对资源综合利用企业所得税进行优惠。

此外，我国政府还在建设标准体系、拓宽投融资渠道、完善进出口政策及建设试点示范等方面采取了多项促进节能环保产业发展的政策措施。

从产业发展现状来看，政策体系仍有待于进一步完善，需要有新的突破和创新；相关政策尚未发挥其对产业发展的促进和约束作用，其执行力还有待于进一步加强。但整体而言，"十一五"以来逐步完善的、利于产业发展的政策环境是我国节能环保产业快速发展的重要推动力，对过去几年节能环保产业快速发展的积极作用毋庸置疑。

二、产 值 规 模①

我国节能环保产业发展迅速，特别是"十一五"以来，通过大力推进节能减排，发展循环经济，建设资源节约型、环境友好型社会，我国节能环保产业得到较快发展，产值规模快速扩大。截至 2013 年，我国节能环保产业总产值达到 3.7 万亿元，其中节能产业 1.5 万亿元，资源综合利用产业 1.3 万亿元，环保产业 0.9 万亿元。

三、技 术 装 备

技术装备是节能环保产业快速发展的重要支撑，近几年来，我国持续加大科技创新投入，已经取得显著成效。目前，常规节能环保技术和装备趋于成熟，部分关键、共性技术已产业化。2012 年，节能环保产业发明专利授权增长率为 34.94%，高于同期七大战略性新兴产业中的其他产业，在全国各地中，北京数量最多，2011 年和 2012 年分别达到 1130 件和 1516 件。

在节能产业领域，节能技术的发展凸显了"两个转变"。一是由被动向主动转变，即已经从最初堵"跑、冒、滴、漏"的被动维护阶段向主动节能降耗的阶段发展；二是由单元向系统转变，即由单元设备、单项工艺的节能技术改造向优化系统、提高系统运行效率的方向发展。同时，在国家大力支持下，重大节能技术研发取得很大突破，纯低温余热发电、煤矿低浓度瓦斯发电、干熄焦、高炉煤气发电、等离子点火、新型阴极结构铝电解异型槽、新型结构铝电解导流槽等一批重大节能技术都已研发成熟。例如，纯低温余热发电技术，经过十几年的研发和若干实际工程投产运行，无论是热力循环系统还是设备（国产化）都已成熟，尤其是补汽式汽轮机的

---

① 在本报告中，节能环保产业数据的口径统一为对工业、建筑及交通等各个行业既有产能实施节能技术改造项目、环保改造项目及资源综合利用项目，各个行业新扩建产能不在本报告的统计之列。

研制成功，使我国余热发电技术除了汽轮机本体效率比日本的产品略低外，总体上的技术水平已经赶上国际先进工业国家，为我国工业企业提供了可靠的技术选择。

在资源循环利用产业方面，"十一五"时期，循环经济技术就被列入国家中长期科技发展规划的重要内容，推动了一批关键共性技术的研发，通过实施一批循环经济技术产业化示范项目，一大批先进适用的循环经济技术得到推广应用。"十二五"以来，我国通过支持再制造产业化示范项目、城市矿产项目、资源循环利用技术装备产业化项目，以及共伴生矿及尾矿综合利用项目等，加快了资源循环利用技术及装备的推广应用。目前，我国再制造成形技术、汽车零部件再制造技术已达到国际先进水平，废旧家电和报废汽车回收拆解、废电池资源化利用、共伴生矿和尾矿资源回收利用等一大批技术和装备取得突破，全煤矸石烧结砖及粉煤灰提取氧化铝等技术装备达到国际先进水平。

在环保产业方面，我国环保装备的产品种类达到 10 000 种以上，形成了相对齐全的产品体系，环保技术装备研发制造充分适应了环境保护工作的需要。城镇生活污水处理、工业废水处理、燃煤电厂烟气除尘脱硫脱硝、有机废气处理、机动车尾气处理、城市生活垃圾处理、固废危废处理处置、噪声与振动控制、环境监测等均得到较大发展，大批先进技术装备投入实际应用，部分性能落后、高耗低效的技术、工艺和产品正逐步被市场淘汰。

四、产业分布

我国经济发展不平衡，因此对国民经济尤其是工业发展具有一定依附性的节能环保产业发展不平衡的特征凸显。

节能产业方面，以节能服务产业为例，2013 年，节能服务公司百强企业中的 73% 集中在华北、华东地区，其已经实施的节能项目形成的节能量占总节能量的 59.7%。在节能技术及装备制造方面，余热锅炉、高效电机和高效节能照明等节能关键技术、装备和产品的龙头企业集中分布在科技创新能力较强的区域，包括北京、上海、江苏、深圳、福建、广东等地。

环保产业分布与经济发达程度基本一致，呈现"东高西低"的格局，形成了"一带一轴"的总体分布特征，即以环渤海、长江三角洲（简称长三角）、珠江三角洲（简称珠三角）三大核心区域聚集发展的环保产业"沿海发展带"和东起上海沿长江至四川等中部省份的环保产业"沿江发展轴"。长三角地区环保产业基础最好。

第十一章　我国节能环保产业发展存在的问题

一、技术装备缺乏核心竞争力，综合咨询服务能力薄弱

近几年来，节能环保产业受到前所未有的重视，产业发展取得长足进步。但是作为产业的重点领域，节能环保关键技术装备和服务业的发展速度和现状尚难达到预期。

（一）缺乏龙头企业引领行业发展

目前我国节能环保产业领域的企业大多为民营中小型企业，数量众多但规模偏小、综合实力较弱、行业集中度低，产值规模大、技术力量雄厚的大型优质企业数量少。总体而言，"多而弱"、"小而散"，缺乏龙头企业引领行业发展，产业总体实力不强。以水务行业和垃圾焚烧发电行业为例，国内行业集中度分别为6%和8%，而发达国家同类行业的集中度分别高达40%以上和30%。由于产业集中度不高，缺乏行业龙头骨干企业带动，我国节能环保产业整体层次较低，节能环保设备成套化、系列化、标准化水平低，产品技术含量和附加值不高，核心竞争力不强，节能环保效益不够显著。

（二）我国节能环保产业缺少自主知识产权的关键技术

节能环保企业普遍缺乏对产业发展有重大带动作用的关键和共性技术，自主创新能力弱，拥有自主知识产权和核心竞争力的企业少，产品和服务的附加值低，对产业链拉动效果不明显，长远发展受制于国外。例如，新型储能技术、有毒害废弃物处理技术、光伏制造装备、压缩机及新能源汽车等关键零部件，续航里程长的蓄电池材料/制备技术，以及电源管理系统等一些技术含量高的节能技术和装备长期依赖进口；环保产业领域烟气脱硫脱硝企业约 1/3 的毛利润要作为专利使用费支付给国外技术提供商，对国内节能环保产业形成冲击，制约了节能环保产业做大做强。总之，我国节能环保产业发展的科技创新能力不足，使得我国缺乏具有核心竞争力

的技术和装备支撑产业持续健康发展，是否能够破解这种制约已经成为事关我国节能环保产业生死存续的重要因素，应引起高度关注。

（三）综合咨询服务能力不强

节能环保综合服务业及其配套服务体系发展滞后，目前，在我国众多节能环保服务企业中，多数只能提供某一领域、某项技术的节能环保服务，而能提供整体解决方案并集高新技术研发、产品制造、销售、工程设计、建设、运营为一体的行业旗舰企业不多，难以适应全产业链集团化作战的竞争模式，企业的综合竞争能力不强。与发达国家相比，高层次的节能环保综合咨询服务产业在我国尚处在起步阶段，反映产业成熟水平的环保服务业比例仅约46%，仍低于发达国家环境服务业占环保产业50%～60%的水平。

配套服务体系发展相对滞后，主要包括：与节能环保产业发展相适应的资源能源和环境价格形成机制尚未建立，节能环境交易平台建设滞后，再生资源和垃圾分类回收体系不健全；合同能源管理、环境污染第三方治理、环保基础设施和火电厂烟气脱硫特许经营等专业市场化服务模式有待完善；节能环保服务业发展滞后，节能环保咨询、评估、认证、审计、诊断、核查等配套服务体系不完善，以及节能环保产业公共服务平台尚待建立和完善。

二、管理体制不畅通，制约产业快速发展

（一）制度体系不够完备，不利于激发产业发展

为推进节能环保产业快速发展，国家已出台了很多财政、税收、金融等激励政策措施，但总体上顶层设计不够、政策协调不力，众多政策呈现碎片化的特征，部分政策起到一定推动作用的同时也在很大程度上扭曲了价格信号，真正从市场的价格形成机制、付费机制和有效的第三方监督及政策监管机制出发制定的政策仍然不足。

1. 相关法律法规体系还不够完善

为节约能源、保护环境，以实现经济可持续发展，我国相继发布了《节约能源法》《中华人民共和国可再生能源法》《环境保护法》《中华人民共和国大气污染防治

法》《中华人民共和国水污染防治法》《中华人民共和国固体废物污染环境防治法》《中华人民共和国清洁生产促进法》《循环经济促进法》等，但是保障节能环保产业健康持续发展的法律法规体系仍有待于进一步完善。例如，我国原有的环境保护类法律，总体上看，处罚条款约束力弱，排污企业违法成本低，守法成本高，已不能适应建设美丽中国的需要。2015 年 1 月 1 日生效实施的新《环境保护法》虽然提高了责罚标准，号称"史上最严环保法"，但是相关实施细则还有待完善。又如，我国汽车排放已经成为大气污染的重要污染源，但是在汽车制造、运营等环节至今都没有约束汽车排放的法律条款，现行《缺陷汽车产品召回管理条件》中没有环保排放的相关规定。另外，国家和地方节能环保标准体系还有待完善，一是部分标准之间的关系需进一步理顺，二是标准制定主导权归属不明确，三是标准实施监管有待加强。由于节能环保技术装备、产品和服务的行业标准、规范条例的制定相对滞后，部分节能环保产品的认证认可无章可循。

2. **法律法规执行不力，监管缺位**

在节能环保领域，因执法主体不明确导致法律法规执行不力的情况很多，严重影响了法律的效力。另外，我国节能环保法律法规执行监管缺位也是执行不力的重要因素。例如，近年来社会媒体对环保违法关注度显著提升，陆续曝光了一系列企业偷排工业污水废水、排放超标，以及因环境污染导致的地域性生态破坏或群体性健康事件，但引人深思的是，在媒体曝光之前，却鲜见地方政府主动曝光并予以处罚的报道。这是地方政府对行政区域内的企业缺乏监管的事实。

3. **与产业发展相关的政策还不够系统**

尽管《"十二五"节能环保产业发展规划》和《关于加快发展节能环保产业的意见》等系列政策出台构建了推进产业发展的政策体系框架，但实施细则和落实措施缺位，短期内难以产生实质性的政策激励效果。现有的扶持政策多散见于环保、科技、技改、节能和高新技术企业与中小企业等扶持政策中，没有形成独立、系统的节能环保产业政策体系，缺乏针对节能环保产业及其内部不同行业的一揽子推动政策措施。据权威媒体调查的"环保产业当前面临的最大问题"一项，被调查企业几乎都选择了"产业政策体系不完备"。另据了解，节能环保产业被确定为战略性新兴产业和新兴支柱产业后，许多节能环保企业并未明显感受到政府对节能环保产业切实的扶持和推动。这从侧面反映了产业政策措施落实不力，即部分产业政策仅是浮于表面，还没有充分发挥对产业发展的引导作用。

4. 部分优惠政策落实不到位使其激发产业发展的作用不能得到充分发挥，政策效力难达预期

节能环保企业普遍遇到资金、政策等瓶颈。有的企业因从银行贷款难，也不知如何获得相关国家奖励资金，导致关键技术的研发被搁置。优惠政策落实不到位，除了执行不力外，优惠政策的覆盖面设计不合理也是重要因素。例如，有的企业反映在申请享受某些优惠政策时困难重重，如国家规定以废旧电池、废线路板等为原料生产金、银等贵金属、稀有金属的企业，可享受增值税即征即退50%的优惠政策。但有以"线路板蚀刻废铜液废弃物"为原料，生产资源综合利用产品的企业，因其原料和产品未被明确列入名录，而申请困难。

（二）多头管理现象突出，产业规划贯彻落实不到位

节能环保产业渗透到我国经济的各个领域，由于隶属关系复杂，多头管理现象突出。在国家层面，各部门间职能配置存在重复交叉、职责不清现象。一方面，我国在节能减排管理机构的设立和调整过程中，只注重对新机构的授权，而没有撤销或没有完全撤销原部门的相关职能，如在环境监测方面，环保部、农业部、中华人民共和国水利部都建有环境监测网，监测对象屡有重复；另一方面，我国现行管理体制中管理主体众多，分散在国家发改委、环保部、国土资源部、财政部、工信部、国家能源局、国家林业局等职能部门，但由于统管部门与分管部门间的职责分工不明确，容易导致管理缺位、错位和越位，客观上加大了严格执行法律法规、按章落实产业发展政策的难度。

在省市层面，节能环保产业的管理归属部分也不明确，以天津为例，根据《2011年天津市环境保护及相关产业基本情况调查实施方案》，环保部门负责环保产品、环境服务产品及部分环境友好产品生产经营和环境服务业；发改委负责循环经济等内容；经信委负责环境友好产品（节能、资源综合利用）；农委负责有机产品认证；建设交通委负责环境工程建设和服务；水务局负责环境友好产品（节水）等。可见因节能环保产业管理归属不明确，容易产生管理分散、职责不明、多头管理、政出多门等问题，使得国家和省市层面两级产业发展规划的执行和落实效果大打折扣，制约产业发展。

由于缺乏清晰、高效的产业归口管理部门，产业发展凌乱无序，政府各部门、各地方的节能环保产业与国家总体规划难以对接，国家的规划目标难以真正科学地

由上到下贯彻落实下去，难免会停留在规划层面。由此导致节能环保项目在各地方、各行业自行其是，分散投资，低水平重复建设，难以形成产业合力与产业积聚，不利于将节能环保产业打造成为新的支柱产业。

（三）政府管理错位与缺位并存，角色亟待转变

政府根据经济社会发展和人民群众生活需要，通过法规和政策创造市场需求，应定位于规则制定者和市场监督者。但在实际运作中，各级政府往往管不住自己的手，对市场过多干涉，设立各种不合理、不合法的行政审批事项和地方保护政策，组织各种"亲儿子"、"干儿子""下场踢球"参与市场竞争，为小部门利益甚至是个人私利插手招投标、款项收支结算等环节。这些行为损害了市场秩序，加剧了市场的无序竞争。

（四）节能环保产业未被完全纳入国家统计体系

节能环保产业（特别是环保产业）界限模糊，至今尚未作为独立的产业门类纳入国民经济统计体系。1983年以来，国家有关部委曾先后组织过六次全国环保产业发展基本情况的调查（普查或抽查），在非调查年度，均采用外延法推测产业发展的相关数据，年度统计制度尚未建立，也缺乏指数等可以在一定程度上反映产业发展状况、支撑决策的数据来源。由于缺乏基础统计数据，政府、相关产业管理部门及科研机构等都难以摸清产业发展现状，不利于深入分析产业发展的优势和劣势，科学预测产业发展趋势，制定切实可行的产业发展战略措施，有针对性地引导产业发展方向，掌控产业发展走势。此外，国家统计体系口径为规模以上企业，但大部分再生资源行业企业都在规模以下，从而导致我国再生资源利用率数据失真。

三、市场机制不健全，制约产业健康发展

（一）节能环保产业市场监督管理缺位

近年来，各类政策密集出台，旨在促进节能环保产业健康有序快速发展，但是政策执行情况不容乐观。产品在生产环节由技术监督部门负责质量监管，进入流通环节后，则由工商部门负责市场监管。在市场监督时，只审查营业执照，不审查节能环保认证，产品是否属于"节能环保产品"无人监管。节能环保监督执法与市场

监管分离，市场监管存在盲区，效力大幅消减。假冒伪劣产品很容易混入节能环保产品市场，而真正的节能环保产品由于承担着更多的创新成本和生产经营成本，在竞争中常常处于不利地位。这使得节能环保企业无利可图，从而扼杀了其自主创新的积极性，形成了逆向淘汰机制，阻碍了节能环保企业的健康成长和产业的良性发展。

（二）推动节能环保产业发展的价格机制仍不完善

在节能领域，当前我国煤、电、天然气等能源价格关系尚未理顺，能源价格尚不能充分反映能源稀缺程度、供求关系和环境成本，价格对节能的政策导向较弱。研究结果表明（林伯强和杜克锐，2013），要素市场扭曲对我国能源效率的提升有显著负面影响；消除要素市场扭曲年均可提高 10%的能源效率和减少 1.45 亿 tce 的能源浪费；要素市场扭曲的能源损失量占总能源损失的 24.9%～33.1%。价格扭曲是要素扭曲的最主要因素，要素价格扭曲对粗放增长模式具有锁定效应。一方面，要素价格的低估使得本应被淘汰的落后产能仍然有利可图；另一方面，低成本要素使得企业可以通过增加要素投入来获得利润，抑制了企业进行研发和技术投资的动力。由此可见，要素市场扭曲阻碍了地区产业的升级及转型，进而影响到生产中能源效率的提升，不利于推进节能工作，也不利于节能产业发展。

在环保方面，我国以污染物达标排放而不是以环境质量达标为原则的环保监管体系从根本上不利于环境质量的改善，也不利于环保产业市场氛围和价格机制的形成，从而为劣币驱逐良币提供了温床。此外，从 2007 年开始，财政部、环保部、国家发改委先后批复了江苏、浙江、湖南等 11 个省（直辖市、自治区）开展排污权有偿使用和交易试点，试点工作取得了显著成效，但目前排污权定价机制尚有待于进一步完善。目前，各地有偿使用定价方法和依据还不够清晰明确；有偿使用价格、有偿使用年限不均衡等问题还较为突出。例如，有的地区有偿使用时限为 1 年，有的是 5 年，有的是 20 年甚至更长；有偿使用价格按年度折算进行比较，每年每吨二氧化硫征收标准从 100 多块钱到 2000 多块钱不等，化学需氧量的征收标准从 200 块钱到 4000 多块钱不等，差别巨大。

（三）推动节能环保产业发展的环境税立法工作滞后

环境税是主要针对污水、废气、噪声和废弃物等环境污染征收的税种，目前欧美发达国家不断加大环境税征收力度，取得了明显的成效。美国多年来坚持环境税收政策，虽然汽车数量不断增加，但目前二氧化碳的排放量比 20 世纪 70 年代减少了 80%，空气质量得到很大改善。近年来，我国一直在推动环境税的立法工作，开征符合我国国情的环境税，对推动"谁污染环境、谁破坏生态谁付费"原则的落实具有十分重要的意义。

（四）要完善配套制度建设，确保让治污者享税收优惠

例如，我国已经实施的资源综合利用增值税、节能服务公司税收优惠政策、风力/光伏发电实行增值税即征即退 50%等税收优惠政策，由于宣传不到位或实施细则滞后等落实效果不好，还不能充分发挥税收优惠政策对节能环保产业发展的带动作用。

四、投融资渠道不畅，产业发展面临资金障碍

（一）投资需求和实际投入的资金缺口仍有较大差距

随着国家对节能环保工作的重视程度不断提升，国家对节能环保的投资逐年攀升，但投资需求和实际投入的资金缺口仍有较大差距。以环保产业为例，"十一五"期间，国家环保投资总额达到 21 623.1 亿元，但仅占全国 GDP 的 1.4%，占全社会固定投资的 2.3%。"十二五"以来，我国继续加大环保资金投入，2011 年，我国全社会环保支出达到 6026 亿元，占全国 GDP 的比例近 1.3%；其中财政环保支出为 2641 亿元，仅占国内 GDP 的 0.56%。2012 年和 2013 年，国家财政环保支出分别为 2963 亿元和 3383 亿元，占国内 GDP 的 0.57%和 0.59%。从全社会环保支出总量上看，2011～2013 年，分别为 6026 亿元、8257 亿元和约 10 000 亿元，占国内 GDP 总量比例分别为 1.3%、1.6%和 1.76%。相比而言，美国 1977 年的环保投资占 GDP 比例就已经达到 1.5%，2000 年环保投资占 GDP 的比例增长至 2.6%。据测算，如果要实现 2015 年我国环保投入占 GDP 总量比例达到 21 世纪初发达国家水平，我国环保投资需按照平均每年 25.86%的速度增长，以此测算，我国"十二五"期间所需环保投资总额约为 5 万亿元，这远高于《国家环境保护"十二五"规划》中所估计的目标（3.4 万亿元[①]）。总之，虽然我国环保投入逐年递增，但对比国际经验，我

---

① 中国环保网：环保投入需要有力的财政制度保障。

国环保领域的快速发展仍面临较大的资金缺口。此外，我国财政资金在节能环保领域的投向结构也不尽合理，"重项目，轻能力建设"现象突出，财政投资乘数效应低，削弱了企业投资的积极性。

（二）市场化不够，民间资本介入难

目前我国节能环保产业，特别是环保产业还未真正市场化，我国的节能环保投融资领域普遍存在"不想投、不敢投、不会投、不能投"的"四不投"现象。在节能领域，节能服务公司普遍存在资产少、无抵押及规模和实力不够强的特点，加上金融机构创新激励不足，难以打破传统投融资模式等原因，造成节能服务公司普遍融资困难。在环保领域，运营服务市场还不开放，政府仍主导着对环保重点工程、环保基础设施的投入与营运。例如，北京、上海等特大型城市政府，出于安全考虑，市政环保工程多倾向于由所属国有企业建设运营。由于政府主导的公有资本大规模地投入，民间资本难以介入，对社会资本造成挤出效应，呈现逆市场化的态势。

（三）第三方治理等市场化机制推进面临诸多障碍

市场化机制推进面临诸多障碍。以我国最新出台的环境污染第三方治理为例说明。2014 年年底，为推进环保设施建设和运营专业化、产业化，国务院办公厅发布了《关于推行环境污染第三方治理的意见》（国办发〔2014〕69 号），以促进环境服务业快速发展。环境第三方治理虽在逐步推进，但其发展仍处于初级阶段，一些深层次的矛盾和问题亟需重视。首先是"谁污染、谁付费"价格机制形成难。在"谁污染、谁付费"的机制中，第三方治理企业并没真正成为市场主体。例如，在实际治理中，由于专业环保企业从电厂获得订单，排污方和治污方地位不平等，有些排污方甚至认为治污方从属于自己，影响了治理效果。其次是第三方和排污主体责任明晰难，第三方和排污主体相互勾结的情况时有发生。排污方和治污第三方相互推诿责任也常见，例如，排污企业认为治污已交由第三方处理，排污不达标应由第三方担责，治污方认为排放不达标是因排污方不按照合同排污，导致污染难处理，两方主体责任不明确。最后，政出多门导致精准监管难。例如，一家第三方运营污水处理厂要接受住建局和环保局两个部门的核查，因各自标准不一样，考核结果也不一样。

五、技术对产业发展支撑不足，先进技术推广应用进展缓慢

先进技术推广应用进展缓慢，技术对节能环保产业发展支撑不足。以工业节能技术推广为例，为加快节能技术推广应用，自 2008 年起，国家发改委每年不定期发布一批国家重点节能技术推广目录，截至 2013 年年底共计发布 6 批，其中适用于工业领域的节能技术有 130 多项。2014 年，国家发改委组织更新了 1~6 批推广目录，并以此为基础发布了《国家重点推荐节能低碳技术 节能部分》（2014 年本）[①]，其中工业节能技术有 121 项。经初步测算，"十二五"以来，国家发改委发布的 6 批重点节能技术在工业领域共计形成节能能力约 7380 万 tce，拉动投资约 2082 亿元［国瑞沃德（北京）低碳经济技术中心，2013］。

但是，重点节能技术推广应用进展缓慢，预计约 80% 以上的技术难以完成"十二五"时期的推广目标。截至 2013 年年底，在 121 项工业领域适用节能技术中，有 12 项技术没有推广应用案例，31 项技术的推广比例仅提高 1%，推广比例提高 20%（含）以上的技术数量仅为 21 项，占比 17.4%。由于推广应用进展缓慢，技术对节能产业发展的支撑作用大打折扣。当前，技术推广应用主要存在以下几个方面的问题。

（一）节能环保技术创新体系不健全，技术转化薄弱

节能环保技术创新系统不健全主要体现在 3 个方面：一是企业作为技术创新主体的地位尚未真正确立；二是技术创新涉及多个环节、多个部门，但各个环节之间相互脱节，尤其产学研之间缺乏密切合作，缺乏形成合力的有效运行机制；三是缺乏有力的节能环保技术创新体制机制保障。

节能环保科技成果的推广应用是科学技术向生产力转化的一个关键环节。当前技术成果转化仍然存在着诸多障碍，使新的科技成果不能付诸应用或者应用程度受到很大限制，主要有几下几方面原因：一是节能环保技术成果转化环节多，"转化"仅靠一股力量不能实现，需要相关机构的协作与合作；一是科技成果转化的体制不对应，配套制度的错位、欠缺和滞后，使不少节能环保创新技术长时间得不到有效的转化和应用。

---

① 依据《节能低碳技术推广管理暂行办法》规定，自"办法"发布之日起，原《国家重点节能技术推广目录》停止使用，相关节能技术将纳入《国家重点节能低碳技术推广目录》。

（二）在节能领域，技术政策和法规不完善，政策执行力有待加强

目前我国通过实施重点用能单位管理、重点节能工程、发布节能技术目录，实施税收优惠等多项政策，在一定程度上促进了节能技术的推广应用，这些政策采用了强制、激励、自愿行动等多种手段，但是部分政策规定不够详细，缺乏足够的操作性，政策也缺乏稳定性和可持续性，这已成为我国节能技术研发和推广的重要障碍。

为促进技术推广，我国制定了财政激励政策，但存在惠及面窄，未完全体现政策差异性等问题。不同的技术推广成本千差万别，目前出台的激励政策缺乏针对性，财政资金在鼓励和加速部分新技术的推广应用方面的引导作用未能体现。例如，现行以奖代补政策在具体实施过程中，更偏重于节能工程的实施，资金支持是按企业节能改造后实际取得的节能量给予奖励，奖励的多少只与节能量挂钩，并未考虑节能项目的节能成本、节能项目的难易程度和节能项目的总投资需求，以及技术普及率等因素的差异性，导致部分企业应用普及率超过 70% 的技术及技术成本较低，技术经济性佳的技术还能享受补贴，而一些节能潜力大、投资需求高的节能技术则得到的补助相对不足，所以推广缓慢。部分激励政策支持范围有限，政策的惠及面较窄，也有待完善。例如，"十二五"期间，以奖代补政策主要针对节能技术改造项目节能量达到 5000tce，但申报奖励企业的年能耗要超过 2 万 tce，即年能耗低于 2 万 tce 的重点用能企业得不到以奖代补资金的支持，导致很多企业达不到补贴的要求，从而绝大部分企业实施技改的积极性不高。

此外，由于制度不完善，缺乏监管，节能技术改造奖励政策执行过程中，"骗补"现象严重。2012 年 11 月至 2013 年 3 月，中华人民共和国审计署对 2011 年、2012年中央本级和中央财政转移支付给天津、河北、辽宁等 18 个省（直辖市）能源节约利用、可再生能源和资源综合利用节能环保类三个款级科目资金（以下简称"三款科目"资金）进行了审计，延伸审计项目 5044 个，涉及资金 621.09 亿元，分别占项目总数和资金总额的 60.57%、75.85%。审计结果表明，有 348 个项目单位挤占挪用、虚报冒领"三款科目"资金 16.17 亿元，占延伸审计资金额的 2.6%。在被通报的 348 个违规项目中，仅节能项目（不包括循环经济工程项目、淘汰落后产能项目及新能源项目）就达到 120 个，违规金额达 5.36 亿元，占总违规金额的 33.15%。从类型上看，涉及违规的节能项目包括节能技术改造、重点节能工程、公共建筑节能监管体系建设补助、交通运输节能减排、节能汽车推广及合同能源管理等 11 项，基

本全面覆盖了技术推广项目。导致"骗补"现象如此频出的原因除了企业单位违规逐利外，更重要的是制度设计上出了问题。在申请国家财政补贴时，政府部门基本上不会实地检查，只是通过书面材料，里面包含申请公司的资质、注册项目、专利、节能产品及协会给予的信用评价等，进行审核。这样的审核方式无疑为"骗补"的滋生提供了温床。

在税收方面，部分税收优惠政策的内容和设定的条件落后于节能技术的发展，例如，已出台的节能节水设备投资抵税政策是 2008 年发布的，至今一直未修订，设备覆盖面窄，使一些企业先进的节能项目无法享受或不能完全享受到税收优惠政策。

此外，关键技术研发导向政策缺乏动态调整机制，制约技术发展。《国家中长期科学和技术发展规划纲要（2006-2020）》（以下简称《纲要》）是我国现行指导节能技术研发的基本导向文件。《纲要》在对我国工业能耗存在的问题准确把握的基础上，将"工业节能"作为能源科技领域的第一大优先主题，提出了重点研究开发冶金、化工等流程工业和主要高耗能领域的节能技术与装备，机电产品节能技术，高效节能、长寿命的半导体照明产品，能源梯级综合利用技术等工业节能科技攻关重点方向。技术进步是无穷的，但是每个时期都有技术进步的侧重点，现阶段《纲要》提出的单项技术研究重点已经不能完全适应当前的形势，针对过程节能、技术集成、企业间能量匹配与集成优化、信息化节能等技术的研发应受到更多重视。

（三）在环保领域，环境监管执法不到位，使得先进环保技术难以被市场接受

由于环境监管执法不到位，对违法排污行为的处罚不够严厉，污染企业守法成本高、违法成本低，没有治理污染的需求，或者治污工程的目的不是要达标排放，而是做个样子给环保部门看；先进环保技术没有用武之地，落后技术、偷工减料大行其道；建成的环保设施不运行，由此产生"搞样子工程"、"晒太阳工程"；一些环保设施即使运行，也要恶意偷减运行成本，不在技术、工艺上下工夫，而是打起监测数据造假的歪主意。整个市场形成一股劣币驱逐良币的不良风气。

（四）技术研发资金投入不足，财政科研资金使用效率不高

以节能产业为例，缺乏节能研发和创新资金一直是困扰我国节能工作的大问题，同时财政资金投入使用缺少后评估，导致资金流向不明确。一方面，政府财政和企

业对技术研发的投入都极为有限。另一方面，我国尚未建立健全节能技术投资风险规避机制，由于节能技术投资风险规避机制缺位，金融业对节能技术研发和推广的投资也很有限。投融资渠道的缺乏也是制约节能技术研发、项目示范和推广的重要原因之一。此外，我国财政投入的科技资金使用效率不高，科技项目改头换面重复立项现象严重，各省节能技术研发重点同质化现象普遍存在，地方往往依据国家财政资金走向确定自身资金用途，很少有地方根据自身特点确定资金使用范围和方向。

（五）节能环保技术服务体系不完善，技术服务市场不规范

"十二五"期间，我国加大了对节能环保技术服务体系的建设支持，并取得了显著成绩，但是由于政府与服务体系中其他要素的互动关系尚未确立起来，政府与市场的职责划分仍不清晰，诸多问题依然存在。

一方面，缺乏权威节能信息传播推广渠道。虽然国家发改委、工信部、科技部等中央部委，以及省级政府相关部门均发布过多批次的节能环保技术推荐目录，一些民间机构和网站也开展技术推荐工作，但是由于基础统计数据的缺乏，技术目录的导向作用未达预期。而且，新的节能环保技术设备层出不穷，市场对先进技术设备的需求也不断增大，发布目录的形式固然重要但远远不能满足技术市场的需求，权威的市场化技术信息服务平台有待进一步健全。

另一方面，缺乏节能环保技术的评估和认证。以《节能低碳技术推广管理办法》为例，虽然该管理办法在节能技术的遴选和评价方面作出了相关规定并研究设立了相关指标体系，但是其可操作性依然不强。由于系统规范的节能环保技术遴选、评估和退出机制尚未真正建立，技术认定和评价工作尚未高效开展，部分地区一些效果较差的节能环保技术和设备鱼目混珠。

六、人才不足，制约产业可持续发展

（一）节能环保人才分布分散，缺乏有效的信息共享与沟通合作

由于节能环保人才分散于各单位，这些企事业单位的隶属关系、行业差异、区域隔离、人事矛盾等，缺乏应有的信息共享、有效沟通和战略合作平台，难以形成聚合效应、团队凝聚力和辐射带动作用。

（二）市场化人才配置机制不健全，熟悉市场规律的经营管理人才稀缺

由于节能环保人才政府统管色彩较为浓厚，节能环保人才市场化配置机制缺失，企事业单位节能环保技术人才市场创新动力不足、产业化运营机制不完善，熟悉市场规律、运营流程和业务的节能环保经营管理人才相对稀缺。

（三）高端创新性人才短缺

重点节能环保领域高端创新型人才短缺，与国家节能环保产业中长期发展规划要求及相应的重点领域工程建设部署需要还有很大差距，在政策导向落地、培养培育体系和组织激励机制等方面存在很大的优化提升空间。以环保产业为例，环保产业是个高技术含量的企业，企业需要高级技术人才来研制高附加值、高技术含量、满足特种工艺污染治理需求的产品。现在的环保人才中，能够驾驭大工程、又能承担多项大型环境工程设计项目、可独立设计多项大型环境工程项目的技术人才非常缺乏。据悉，目前中国环保产业的从业人员仅 13 万人，其中技术人员占 8 万人，然而整个国家对环境工程师的人才需求就超过 42 万人。环保产业高级人才集中于环保设施节能、水务和新能源三大领域，其中从事环保设施节能的从业人员比例最多，占总样本数量的 37.81%，其次是水务领域和新能源领域，分别占 30.41% 和 19.45%。

（四）从业标准体系建设未形成，社会化公共服务网络平台未建立

节能环保人才队伍建设相关法规政策有待进一步规范完善，从业门槛、任职资格和职称标准体系需要建立健全，节能环保人才社会化公共服务网络平台和运作机制尚未形成。

第十二章 节能环保产业发展的目标、重点领域与工程

一、"十三五"节能环保产业发展目标

"十三五"时期,我国节能环保产业发展应坚持国家主导,发挥市场作用,并以企业为主体,以重点工程为依托,以提高技术装备、产品、服务水平为重点,完善政策机制,促进节能环保产业成为新兴支柱产业,推动资源节约型、环境友好型社会建设。

《"十二五"节能环保产业发展规划》明确提出,到2015年,节能环保产业总产值达到4.5万亿元,成为国民经济新的支柱产业。截至2013年,我国节能环保产业产值已经突破3.7万亿元,实现"十二五"规划目标的前景可期。随着一系列促进产业发展的政策陆续出台,产业发展将面临愈发难得的历史机遇。同时,加快发展节能环保产业是缓解我国资源环境瓶颈约束的客观需要,是提升产业竞争力的迫切需求,也是拉动投资消费、扩大有效内需的重要途径。基于对节能环保产业发展现状的分析,以及对其发展前景的判断,报告提出了"十三五"时期和到2030年节能环保产业发展的目标。

"十三五"期间,实现产业产值年均增长15%以上,到2020年产业总产值达到8万亿~10万亿元,成为国民经济的重要组成部分。节能环保产业快速发展,其中节能产业年均增速高于GDP增速,节能服务产业增速加快,年增长20%~30%;环保产业年增长30%以上,环保服务产业占环保产业的比例在55%以上[①]。初步建成若干具有潜在国际竞争力的大型节能环保企业集团。节能和资源综合利用技术设备

---

① 服务业比例在55%以上是测算值。主要依据如下:2011年全国环保产业调查,环保产品生产领域营业收入1997亿元,环境保护服务领域营业收入1707亿元,服务业的比例已经达到46%。2004~2011年环保产业的总体增速是28%,环境服务业增速是30%,环境服务业的占比进一步提高。另外,随着近些年大量环保设施的建成,未来运营服务市场将持续扩大,而且咨询服务业也会有非常快的增长。

的研发取得显著进展，节能装备和产品质量、性能大幅度提高；在节能产业大部分领域和环保产业关键领域，形成一批具有自主知识产权的技术和装备，部分关键共性技术达到国际先进水平；在水、气、固废等环保产业关键领域形成一定的先导技术研发和技术储备能力，土壤修复和生态修复技术逐步成熟，清洁生产技术得到广泛应用；环境服务业健康有序发展，咨询服务市场快速发展，环境综合服务逐步推广，环境友好产品成为市场消费主流，初步建成环保产业发展市场体系。

二、"十三五"节能环保产业发展重点领域

"十三五"时期，发展节能环保产业的主要任务是：加快发展节能产业，做大做强资源循环利用产业，大力发展环保产业；开发、示范一批节能环保共性和关键技术，推广应用一批先进适用的节能环保技术，提升技术装备水平；促进与信息技术的融合，充分发挥信息技术在系统集成优化提升能效水平方面的作用；加大力度推广高效节能环保产品；推动节能环保服务业快速发展。

（一）节能产业

在技术和产品推广应用方面，继续实施节能产品惠民工程，鼓励开发和全面推广应用高效终端节能产品和节能建材等新产品，逐步提高高效节能产品的市场份额。构建促进高效节能产品推广的长效机制，继续推广合同能源管理机制，以工业、建筑、交通等领域节能改造的巨大市场为契机，鼓励发展一批提供节能诊断、设计、融资、改造、管理等服务的专业化节能服务公司。

节能产业发展的重点包括工业、建筑、交通、节能服务及重点环保设施节能等领域。

1. 工业领域

1）加大力度推广应用高效通用设备

具体包括：积极推进实施《燃煤锅炉节能环保综合提升工程》（发改环资〔2014〕2451 号），提高节能锅炉应用比例，重点推广第二代节能环保型循环流化床锅炉、高炉煤气节能环保锅炉及冷凝式蒸汽锅炉等高效锅炉设备。推广蓄热式燃烧技术、锅炉烟气余热常压回收装置等余热利用技术及煤粉复合燃烧节能技术等燃烧技术，提高锅炉能量转换效率；提高高效电机应用比例，推广特大功率高压变频器等高效

节能电机和设备，加快发展伺服电机永磁高效节能技术、永磁同步无齿轮曳引机技术、永磁变频螺杆泵专用电机系统等高效节能电机先进技术等；以工业余热回收利用为带动，推广工业余热利用设备。发展高效换热器、热泵、蓄热器、冷凝器等余热利用设备；积极推广螺杆膨胀动力驱动、冶金余热余压能量回收同轴机组应用技术等余热余压直接转换为机械能回收利用的技术和装备；重点推广基于吸收式换热的集中供热的技术和装备。

2）在钢铁、有色金属、石化、化工及建材等传统高耗能行业，推广应用先进适用节能技术

具体包括：钢铁行业的蓄热式燃烧技术、新一代控轧控冷技术、能源管控中心、烧结机节能减排及防漏技术、新型高温炉渣余热回收技术、烟气除尘和余热回收一体化技术及优化调控技术等；有色金属行业的新型阴极结构电解槽高效节能铝电解技术、高效拜耳法技术三段炉炼铅技术、氧气底吹熔炼-底吹熔融电热还原炼铅技术、氧气底吹连续吹炼炼铜技术等；石化行业的重点炼化装置工艺及系统节能技术、加氢脱硫/吸附脱硫等清洁燃料生产技术等；化工行业的新型水煤浆气化技术、大型粉煤加压气化技术及氮肥节能节水技术等；建材行业的干法制粉工艺技术、无球化节能粉磨技术（水泥、玻璃、陶瓷）、薄型化建筑陶瓷砖成套技术和装备（陶瓷）等。

3）以技术创新带动工业中低温余热资源利用

重点利用钢铁、有色金属、石化等行业 400℃及以下中低温余热资源，重点推广低温余热资源梯级利用技术等。

技术创新及推广应用是工业领域发展节能环保产业的主要支撑。"十三五"期间，在工业领域应加快创新、示范应用及重点推广的技术详见附录五。

2. 建筑领域

近期建筑领域节能产业的发展主要包括新型节能建材、高效照明产品、暖通空调及建设设计等。

1）新型节能建材

大力发展加气混凝土、轻质板材、复合板材、节能与结构一体化等适用于不同气候条件的新型墙体材料，鼓励使用工业副产石膏生产新型墙体材料；推广应用节能建筑门窗和节能玻璃等。

2）高效照明产品

鼓励应用高效节能电光源（高、低气压放电灯和固态照明产品）技术开发、产

品生产及固汞生产工艺；逐步示范推广应用节能效果明显的 LED、OLED 和量子点发光二极管等照明产品；消防应急照明和疏散指示产品中推广应用节能环保新型光源。

3）暖通空调

重点推广应用冰蓄冷及区域供冷技术、低温送风技术、水蓄冷技术、蓄热供暖技术等蓄能技术；推广应用基于吸收式热泵的热电联产供热方式、燃气锅炉的排烟的冷凝回收技术及各类工业低品位余热作为集中供热热源等技术。

4）建筑设计技术/理念

推广采用外墙保温材料、以双玻 Low-E、窗框隔热等方式改善外窗保温，引进定量通风窗和高效的带热回收换气装置，发展可以开窗、可以有效地自然通风的住宅建筑形式，尽可能发展各类被动式调节室内环境的技术手段。

3. 交通领域

交通领域节能产业发展的重点包括以下几个方面。

1）轨道交通领域

发展电气化铁路，推进货运重载化；在铁路车站、站场积极推广太阳能、风能、地热能等新能源和替代能源；实施内燃机车、电力机车节油节电、动态无功补偿等技术改造。进一步推进客运站节能优化设计，加强大型客运站能耗综合管理；深化研究高速列车轻量化、降低牵引传动损耗、列车再生能力、黏着充分利用、节能型空调、车内废弃物排放和能源回收等关键技术；加强对客运专线、城际铁路能耗规律的研究，探索形成高速铁路节能新模式。

2）公路运输领域

建立、推广快速公交系统，继续推进节能与新能源汽车的应用，加快加气站、充电站等配套设施规划和建设；在车辆制造领域，推广应用汽车轻质化技术、制动能回收利用技术等节能减排技术；推广运输组织方式优化技术，合理配置车辆，提高载货汽车的拖挂车比例，减少空驶里程，提高实载率，降低油耗。深化研究公路隧道通风智能控制系统、公路沿线设施建筑节能技术等；加快建设、推广公共自行车服务系统、高速公路低碳运行指示系统及能耗统计监测管理信息系统。

3）城市智能交通领域

加强系统顶层设计，充分发挥顶层设计在系统资源共享、系统整体能力发挥、系统功能要求可持续性等方面的作用，构建统一高效、功能强大、先进适用的智能交通系统，尤其要加快普及车载导航、交通诱导和不停车收费系统；充分利用 3S 技术、通信技术、数据融合与挖掘技术，加强智能交通系统的软件开发与功能提升；加快制定与完善智能交通系统相关技术规范与标准；加大关键技术的研发力度，开发自主知识产权产品，如结合我国混合交通流特点的、具有自主知识产权的城市交通信号控制系统等。通过加快实施交通信息服务、交通拥堵收费等系统，改善交通需求的时空分布特性，削峰填谷，缓解交通需求与供给矛盾；重点解决"信息壁垒"问题，实现跨地区、跨行业的全方位信息共享。

4）水路运输领域

提高航道的通航等级状况，提高船舶平均吨位，大力推广节能产品及新型能源在港口的使用；推广使用船用燃油添加剂；大力推广热回收利用技术、电能回馈和储能回用技术；持续推进船、机、浆匹配优化技术，积极采用风力及其他助推方式；优化船舶航行工况和编组队形，通过应用卫星导航技术，合理设计航线；优化营运管理水平，缩短码头靠泊时间；推广应用集装箱堆场管理信息系统，科学配置参加装卸作业的装卸机械；加快建设港口智能化运营管理系统、内河船舶免停靠报港信息服务系统。

5）航空运输领域

在新建机场和既有机场改扩建中，优先采用高效率、低能耗的设计方案；通过飞行运行节油试点和示范，引领行业整体水平提高；推广使用飞行运行控制系统，制定精确的飞行计划；建立飞机运行的全程监控，提高运行经济效率；优化航线网络和运力配备，改善机队结构，提高运输效率；优化空域结构，提高空域资源配置使用效率。积极开展航空生物燃料研发与推广工作；加强航空气象预报能力建设，完善航空气象系统和气象情报信息网络，研究利用气象条件，调整燃油携带量和配载，灵活选择航线和飞行高度；研究利用空域和地形特点，充分发挥飞机性能节油。

4. 节能服务

重点是建立完善节能服务市场化机制，提高综合咨询服务能力，推动节能服务产业快速发展。一是发展合同能源管理，在节能效益分享型、能源费用托管型和节能量保证型业态的基础上，大力推行融资租赁、节能服务超市等新型业态，进一步扩大服务范围，提升服务能力；二是加强第三方机构建设，包括培育"节能医生"、节能量审核、节能低碳认证、碳排放核查机构等；三是建立"一站式"综合服务平台，提供节能评估、节能监测和节能工程设计等服务；四是推动节能服务公司兼并、联合、重组，鼓励大型重点用能企业组建专业化节能公司，培育节能服务龙头企业，以实现节能服务公司的规模化、品牌化、网络化经营。

5. 重要环保设施节能

加快研发污水处理厂预处理、厌氧水解、延时曝气等各个工艺流程的节能技术，推广应用新型低碳 SBR 工艺节能降耗关键技术、短程脱氮反硝化除磷集成技术及智能控制分段进水技术等关键节能技术和装备。推广低温电除尘技术、湿式电除尘技术，研发推广电除尘器新型高效电源及其控制技术，推广低阻、高效袋式除尘器，加快高性能滤料研发生产。

（二）资源循环利用产业

1. 再生资源循环利用

实施"城市矿产"重点工程，以"国家级城市矿产产业示范基地"为依托，加快完善"城市矿产"顶层设计/规划，建立行业发展监管体系，提高行业门槛，规范市场有序发展，避免因回收利用环节处置不当引起的二次污染。

2. 矿产资源综合利用

推进能源矿产、金属矿产、尾矿、工业副产石膏等大宗固体废物、秸秆和林木三剩物的综合利用；加强对共伴生矿分离和富集回收技术装备攻关。

3. 其他常规废旧资源综合利用

主要包括推广大宗工业固体及电子废弃物资源化利用、生活垃圾及危险废弃物资源化利用、餐厨垃圾资源化利用、再制造无损检测和表面处理等先进适用的技术装备。鼓励生产消费固体废弃物资源化产品、再生资源制品、再制造产品、有机废弃物资源化产品等资源循环利用产品。

4. 跨行业物质/能量综合利用

基于对钢铁、有色金属、石化、化工、建材等流程制造工业与其他行业及社会生态链接的研究，启动实施应用跨行业物质/能量综合利用工程。

钢铁行业：构建钢厂焦炉煤气制氢与石化行业的循环经济产业链，建设沿海钢铁-石化基地循环经济示范项目；利用城市钢厂中水及钢厂低温余热给社区供暖，实施与城市共生钢铁企业示范项目。

有色金属行业：利用高含铝粉煤灰生产氧化铝。

化工行业：提取磷矿伴生氟发展氟化工项目、以磷石膏为原料的建材工业项目等。

建材行业：发挥建材行业对其他工业废物废料的消纳作用，加强用生活垃圾和城市污泥作水泥工业替代燃料技术、用冶金工业钢渣作矿物掺合料技术，以及用建筑垃圾制备再生混凝土技术的研发与推广应用。

石化行业：重点开发并推广在传统炼化企业利用农林生物质资源生产生物燃料（如纤维素乙醇、生物航空煤油、生物柴油等）的技术。

5. 基础能力建设

建立以城市社区与乡村分类回收和专业化回收为基础、集散市场为核心、分类加工为目的"三位一体"的再生资源回收体系，支持和培育一批从事循环经济技术研发、咨询、推广应用的专业服务机构。

（三）环保产业

环保产业发展的重点领域包括大气污染防治、水污染防治、工业固废与危险废物处理、土壤污染修复和综合环境服务等内容。加大力度推广应用成熟适用环保技术和产品，加强重点领域前沿技术研发，推进有利于环保产业持续快速发展的市场化机制，推广第三方治理，探索专业化运营服务模式，促进环保服务业健康发展。

1. 大气污染防治

重点发展领域包括燃煤电厂超低排放技术，非电行业烟气脱硫脱硝技术，大气污染源解析和综合防治技术，烟尘、二氧化硫、氮氧化物、Hg、挥发性有机化合物（VOC）高效去除技术，燃油机动车排放控制技术［包括尾气净化、燃油挥发污染防治，以及燃油喷射系统、车载诊断系统（OBD）等发动机关键技术等］。

2. 水污染防治

包括新型高效膜处理技术与设备，工业过程非传统膜分离技术，污水处理厂脱氮除磷等升级改造技术，城镇生活污水处理厂降耗增效技术，高浓、高盐、制药等难处理工业废水等。

3. 固废与危险废物处理处置

包括垃圾焚烧处理技术、垃圾分类回收技术及其管理方式，危险废物、医疗废物及涉重金属危险废物处置技术，脱硝催化剂回收、再生与处理技术。

4. 土壤污染修复

主要包括污泥处理处置技术开发和应用、低成本污染农田修复技术、中低污染农田耕作控制技术、污染场地修复技术及其专用装备。

5. 环境监测

主要包括细颗粒物监测、大气中有机污染物在线监测、土壤与地下水污染监测技术等。基于"互联网+"和大数据的环境监测技术等。

6. 环境应急

主要包括环境应急处理处置、应急监测技术与设备和应急物资储备等。

7. 环境服务

主要包括环境污染的第三方治理、环境咨询服务等。完善机制，促进政府购买环境服务。

"十三五"期间，在环保产业方面应加快创新、示范应用及重点推广的技术，详见附录六。

三、"十三五"节能环保产业发展重点工程

组织实施若干节能环保产业发展重点工程，既是促进产业发展的重要抓手，也是实现"十三五"产业发展目标，奠定产业中长期发展基础的主要依托。本节基于对我国节能环保产业发展现状的判断，以及对产业发展面临的有利条件和不利因素的分析，充分结合我国的能源资源禀赋、产业结构、社会经济发展面临的突出问题等客观条件，提出了"十三五"时期节能环保产业发展的重点工程。重点工程覆盖了节能产业、环保产业和资源循环综合利用产业等三大产业，主要包括工业绿色发展工程、煤炭清洁利用工程、建筑领域重点节能工程、水污染防治重点技术成果转化与推广应用工程、大气灰霾综合治理关键技术培育与转化工程、土壤与地下水污

染治理及修复技术培育工程、城市矿产专项工程、共伴生矿及尾矿综合利用工程，以及餐厨废弃物资源化利用工程等。

（一）工业绿色发展工程

根据工业节能"十二五"规划，"十二五"末期工业节能目标为 6.70 亿 tce，其中，工程技术节约能量约为 3.50 亿 tce。"十二五"末期，重工业能源消耗较快的状况并未得到明显改善，2014 年上半年，高耗能行业中化工、建材、有色金属和电力等行业能源消费分别增长 6.3%、3.5%、12.7% 和 1.8%，增速分别比去年加快 2.0、0.8、3.8 和 1.8 个百分点，部分产品的单位产品能耗有上升趋势，高耗能行业能耗有反弹趋势。

与此同时，我国钢铁、有色金属、建材、石化、化工及造纸等六大流程制造工业中，除石化行业外，其他行业的产品产量连续多年位居世界第一，在国际上具有举足轻重的地位。2012 年，上述六大行业产值占工业比例接近 44%，是我国工业的重要组成部分。2012 年，我国工业能源总消耗约占全国的 71.3%，其中上述六大行业的能源消耗总量占工业的比例高达 64.5%。

由此看来，工业仍是未来我国节能减排的"主要阵地"，是绿色发展最重要的领域。

"十三五"期间，一方面应继续推广电力、钢铁、有色金属、石化和化工等高耗能行业的能源系统优化技术和装备，对节能效果好、应用前景广阔的关键产品或核心部件组织规模化生产，提高研发、制造、系统集成和产业化能力。另一方面，应以行业之间及行业与社会的生态构想为依据，以节能技术、环保技术及资源循环利用技术为支撑，突破传统产业局限，调整产业产品结构，推动流程制造工业的功能从"产品制造功能"拓展到具有"产品制造、能源转换、废弃物处理-消纳"的三大功能，实现钢铁、有色金属、石化等主要流程制造工业协同绿色发展。

1. 电力行业

加快示范应用并推广超超临界等显著提高发电效率的技术，大力推广电除尘器节能提效控制技术、纯凝汽轮机组改造实现热电联产技术、电站锅炉空气预热器柔性接触式密封技术、锅炉智能吹灰优化与在线结焦预警系统技术、火电厂烟气综合优化系统余热深度回收技术等。

2. 钢铁行业

加快推广高温高压炉的干熄焦（CDQ）技术、转炉煤气和蒸汽回收利用技术、煤调湿（CMC）技术、烧结矿余热发电技术和电炉烟气余热回收技术等；积极探索和研发中低温烟气余热回收与利用技术、钢铁企业余热蒸汽综合利用技术、钢铁制造流程能量流网络及能源高效转换集成技术等，加快工程化建设。

在协同绿色发展方面：与化工行业耦合，发展冶金煤气的资源化利用，包括冶金煤气制氢、制甲醇、LNG 等规模化，实施脱硫副产物高效利用产业化示范；与建材行业协同，包括利用冶金渣余热直接生产建筑材料、钙法脱硫副产物的高值高效利用等。

3. 有色金属行业

加快推广选矿拜耳法生产氧化铝技术、新型阴极结构电解槽高效节能铝电解技术、节能环保冶炼炉及配套装备等。

在协同绿色发展方面：与电力行业协同，利用高含铝粉煤灰生产氧化铝；与建材行业协同，包括选冶尾矿、赤泥用于生产水泥、建筑用砖、矿山胶结充填胶凝材料、路基固结材料和高性能混凝土掺合料、化学结合陶瓷复合材料、保温耐火材料，以及多品种氧化铝用于制造高级陶瓷材料等；推广应用赤泥处理（中和反应）城市污水（污泥）和含酸工业废水，改良酸性土壤等技术。

4. 石化行业

重点发展分布式能源技术、炼厂节能关键技术、乙烯节能关键技术等。

在协同绿色发展方面，石化行业将按照坚持循环经济的发展理念，以集中布局、园区式建设进一步提高炼油和石化产业集中度，优化物质流、能量流。具体包括利用炼化企业的低温热资源给社区供暖或发电，继续加强炼化企业的固废及烟气脱硫石膏、硫铵用作建材行业原材料及农业肥料等。

5. 化工行业

重点发展劣质煤、高硫煤的加压气化利用技术、热泵精馏工艺和节能型甲醇合成技术、预还原催化剂、蒸发式冷却（冷凝）器和先进合成氨技术等。

在协同绿色发展方面：利用磷资源产业、煤资源产业和食品工业、建材工业、农业等相关产业之间有着众多可以相互利用的上、下游产品，通过磷肥、磷化工、煤化工产品间的供求关系，构建以磷资源产业为主、多产业耦合关联的循环经济系统。

6. 建材行业

建材行业中的水泥工业最具利废优势且消耗量巨大，因此有效利用其他工业废料废渣和城市垃圾作为水泥生产的原料、燃料及混合材料，已经成为水泥工业综合利废、保护资源、节能降耗、变废为利的一条有效途径，也仍将是建材行业协同其他行业绿色发展的主要方式。

（二）煤炭清洁利用工程

能源资源禀赋的特点决定了我国以煤炭为主的能源消费结构特征突出，煤由碳、氢、氧、氮、硫等元素构成，是大气污染的主要污染源。近几年来，清洁能源占比大幅度增长，过去 10 年，天然气占中国一次能源消费结构的比例翻了一番，超过5%，非化石能源占比接近 10%，过去 10 年增速超过 50%。但是我国的能源消费结构仍将以煤炭为主，2013 年，煤炭在中国一次能源消费结构中的占比创历史新低，但仍旧高达 65.7%，因此煤炭清洁利用是我国保障能源安全和经济转型升级发展的必然选择。

煤炭清洁利用工程符合我国现实国情的选择，也是能源消费革命的重要选择，其具体内容如下。

1. 煤炭加工技术

包括洗选煤技术、型煤技术、水煤浆技术及动力配煤技术等。洗选煤方面，目前我国自行研制开发的洗选设备已满足 4Mt/年选煤厂建设的需要，跳汰机、重介质分选机、无压入料重介质旋流器、浮选机等许多设备已形成系列，接近或达到国际先进水平，应推广。水煤浆技术方面，应推动适合我国煤种的水煤浆技术，特别是低阶煤制高浓度水煤浆技术。

2. 污染控制与废弃物处理技术

包括烟气净化技术（FGD）、煤层气（CBM）开发利用技术、煤粉灰综合利用技术，以及煤矸石及煤泥水利用与处理技术。

3. 煤炭转化技术

包括煤炭液化技术、煤炭气化技术、煤基碳材料和其他传统煤化工技术改进。

在煤炭气化技术方面，推广应用多喷嘴水煤浆煤气化装置、清华炉及航天炉等拥有自主知识产权的煤气化装置。在煤基碳材料技术方面，推广煤制活性炭及电极碳等传统碳材料，富勒烯、碳纳米管和碳分子筛等新型碳材料，以及用于催化剂的分子筛和航天需求的碳纤维和碳合金等多种新型材料等技术，提高煤炭转化产品附加值。

4. 煤炭高效清洁燃烧技术

包括循环流化床燃烧（CFBC）技术、增压流化床燃烧（PFBC）技术、煤气化联合循环（IGCC）技术、中小工业锅炉与窑炉技术、超超临界燃煤发电技术等。

（三）建筑领域重点节能工程

建筑节能是节能产业的重要组成部分，"十三五"时期，我国建筑领域节能的重点工程包括两方面的内容：一是节能建材技术培育及产业化；二是公共机构节能。

1. 节能建材技术培育及产业化

目前，我国建筑能耗呈现逐年上升趋势，建筑能耗占社会总能耗的 20%～25%。随着中国城市化进程加快，建筑节能已成为中国实施能源节约战略的重要环节，迫切需要加快培育节能建材技术并推动其实现产业化。

重点支持多项新型建筑材料研发和产业化；培育多家掌握核心技术、拥有较多自主知识产权和知名品牌的龙头企业；关键生产装备、重要原材料实现国产化，高端应用产品达到世界先进水平；逐步推广既有建筑节能改造，促进建筑节能技术升级。主要建设内容包括如下几方面。

1）节能建筑材料企业培育

加大投资，鼓励并扶持一批涉及研发、生产、销售等环节的节能型建材企业，重点培育掌握核心技术、拥有较多自主知识产权和知名品牌的龙头企业。

2）新型节能建筑材料研发和产业化示范

加快研发适用于不同气候条件的高效节能墙体材料，以及保湿隔热、防火等一批重大、关键建筑节能技术和设备，并推进产业化示范。提高研发、制造、系统集成和产业化能力，组织规模化生产节能效果好、应用前景广阔的关键产品或核心部件。

3）实施建筑节能改造

实施北方采暖地区既有建筑供热计量和采暖系统改造。对在住和公共建筑的供热计量、室内采暖系统两部分进行改造；实施围护结构改造；屋面节能改造等。

2. 公共机构节能

2012 年，全国公共机构能源消费总量约占全社会能源消费总量的 5.52%，约合 2 亿 tce[①]。公共机构已经成为节约能源、推动节能环保产业发展的重要主体，受到社会高度关注。近年来，我国政府陆续发布了《节能产品政府采购实施意见》《关于环境标志产品政府采购实施的意见》等相关文件，把节能产品和环境标志产品列入了政府优先采购或强制采购的范围，一方面可以形成相当大规模的投资，同时有助于推动技术进步、带动节能环保产业发展。

公共机构节能的重点包括以下内容。

1）建筑及其用能系统

强化建筑节能，严格建设项目节能评审，加强建设过程节能监管，大力发展绿色建筑。推进既有建筑抗震加固和围护结构节能改造，采用安全高效保温墙体材料和节能门窗。实施配电、空调、采暖、照明、电梯、饮用水设备等重点耗能设备的节能改造，推广应用无功补偿、变频调速、空调清洗、高效冷却塔、高效换热器、高效照明产品、回馈发电装置等节能技术和设备。加快供热计量改造，强制配备计量器具，推进能源管理信息化。推行低成本、无成本节能管理，推动建立公共机构建筑节能改造的市场化机制。

2）附属设施

数据中心、食堂是公共机构附属设施节能的重点。建立公共机构绿色数据中心标准，积极推进绿色数据中心建设，采用高效换热设备、节能 UPS 等产品和技术。开展公共机构食堂灶具、排烟系统节能改造，推广应用高效节能灶具。

3）新能源与可再生能源利用

加大在公共机构推广应用太阳能、地热能等新能源和可再生能源的力度，开展太阳能光伏发电、太阳能采暖制冷、地源热泵试点示范。

4）节水和资源综合利用

推进公共机构节水型单位建设，推广应用节水器具，加强再生水利用。开展公共机构废弃物循环综合利用，促进资源化处理，建立资源循环利用的长效机制。

（四）水污染防治工程

为突破水污染防治领域的关键技术，国家设立的多个科技创新项目中如 863 计

---

① http://www.ceh.com.cn/epaper/uniflows/html/2014/04/19/C03/C03_57.htm。

划、973 计划、国家科技支撑计划等均涉及了废水处理技术，"十一五"期间国家还启动了"水体污染控制与治理"科技重大专项（简称"水专项"）。经过多年的发展，各项技术研发已取得阶段性成果，部分关键性技术取得了突破，目前，"水专项"就突破了 1000 余项关键技术，申请国内外专利 1700 余项[1]。各项研究成果已进入技术转化的关键时期。目前，我国科技转化效率较低，成果转化与推广已成为科学治污的瓶颈。

通过实施该项工程，推动水专项等水污染防治技术成果的应用，形成一批具有一定市场占有率的水污染防治技术装备、产品，提升水污染防治产业的发展水平。主要建设内容包括以下几方面。

1. 建立技术转化推广平台

建立与重点流域、主要污染类型相结合的转化推广平台、信息网络平台；完善各项技术的有机结合和集成；探索技术转化运行模式。

2. 开展技术转化成果试点示范

选取具有代表性的试点进行效果示范，进而扩大产品生产和应用范围。

3. 鼓励并扶持一批专业的环保企业

根据各关键性突破性技术的应用领域和范围，扶持一批具有特色的专业性技术型环保公司，建立、壮大一批在全国有影响、专业性强的环保服务队伍。

（五）大气灰霾综合治理工程

以大气质量改善为目标，实施大气灰霾综合治理工程，发展和推广火电厂超低排放技术、锅炉和工业炉窑清洁排放技术、VOC 治理技术、机动车清洁排放技术、城市局部灰霾消除技术和基于物联网的空气质量监测技术，提高我国大气污染防治产业技术水平。工程内容包括以下几方面。

1. 灰霾成套在线监测设备研发与生产

包括炭黑含量在线分析仪、在线粒径谱仪等，同时，研发和生产细颗粒物在线监测设备，如标准小流量采样技术、高性能闪烁体检测技术等。

---

[1] 2014 年 4 月 16 日，人民网：国家"水专项"第一阶段突破关键技术千余项。

2. 颗粒物控制技术与装备

重点研发细微粉尘控制技术，特别是对 $PM_{2.5}$ 的控制技术和装备，加强颗粒物源解析技术研发和推广。

3. 机动车污染防治技术与装备

加快油泵、油嘴、增压器等发动机关键技术和 OBD 技术研发，加大开发和应用重型柴油机尾气净化设备、汽车尾气高效催化转化等技术与装备，并逐渐实现国产化，提高碳罐研发生产水平。提高燃油标准，加快车用尿素的生产。

4. 脱硫脱硝技术与装备

推广非电行业烟气脱硫技术与装备，提标改造脱硫技术与装备；开发燃煤电厂选择性催化还原法（SCR）脱硝系统国产设备和低氮燃烧技术，研发推广非电重点行业烟气脱硝技术，研发推广高效低温脱硝催化剂和无毒低毒催化剂。

5. 复合污染控制技术与设备

研发大气污染物源解析技术、区域大气污染综合治理技术和大气污染预警技术。研发和推广大气复合污染物治理技术与装备和大气综合治理技术与装备。

6. 培育扶持一批专业的大气环保企业

扶持一批具有特色的专业性强的技术型环保公司，建立、壮大一批在全国有影响、专业性强的环保服务队伍。

（六）土壤与地下水污染治理与修复工程

2014 年发布的全国土壤污染状况调查公报显示，全国土壤环境状况总体不容乐观，部分地区土壤污染较重，耕地土壤环境质量堪忧，工矿业废弃地土壤环境问题突出。全国土壤总的点位超标率为 16.1%，耕地点位超标率达 19.4%。地下水污染形势也非常严峻。我国急需进行土壤修复，据环保部环境规划院测算，所需资金数以十万亿元计。

我国土壤和地下水污染形势严峻。实施土壤和地下水污染治理与修复工程，控制大气和水污染向土壤和地下水转移途径，发展和推广城市污染场地修复技术，积极研发低价、实用的农田土壤修复技术，试点地下水修复，发展相关咨询服务业，完善土壤与地下水污染治理与修复产业链，探索可行有效的商业模式和投融资渠道，提升产业发展水平。

1. 污染土壤修复

目前，修复土壤污染主要有两个途径。一是改变污染物在土壤中的存在状态，降低其在环境中的迁移性和生物可利用性；二是利用焚烧加热、生物或其他工程技术方法从土壤中去除污染物。制定实施土壤污染环境管理急需的标准、技术规范等体系框架，尤其要系统性地建立健全污染场地勘察与风险评估体系，在国家及地方层面制定土壤与地下水筛选标准，并针对特定场地的物化条件，利用风险评估技术，制定特定场地的修复目标；完善污染土壤环境修复的资金筹措机制；成立国家土壤优先控制污染物名录；制定污染场地动态清单调查、排序及分类管理方法；建立修复技术规范、修复技术档案、修复示范工程信息数据库；开发多污染物多行业场地类型多目标修复决策支持系统；建立土壤污染事故应急预案的框架体系及实施程序等。

2. 重点领域

1）重金属污染土壤修复技术开发及推广应用

我国土壤重金属污染现象严重，目前，重金属污染土壤植物阻断、植物富集、化学钝化、富集与耕作套用等技术都已并实现工程化应用，部分技术应用水平已处于国际领先地位，要加以重点推广。加快开发微生物土壤修复技术，降低土壤修复成本。

2）工业场地污染土壤治理

推广应用固化稳定化、气相抽提、焚烧、热脱附、土壤增效洗脱等关键技术与核心设备；加快石油、煤化工等污染土壤修复技术研发。

3）重视农耕土壤及地下水污染治理和修复

优先考虑抑制污染物向农作物迁移的技术，在有条件的中低污染农田中推广通过耕作控制污染物向农产品中富集的技术。开发土壤修复效果评价技术，评判污染土壤的修复效果。推广植物-微生物协同修复、根际生态调控等原位修复技术，以及土壤增效洗脱、生物化学还原等技术用于修复农药污染土壤。与此同时，要协调大气、水污染防治，阻断重金属等污染物向土壤、农田沉降的渠道，遏制土壤污染加重的趋势。

4）加快发展土壤修复产业

建立土壤污染整治基金和土壤污染整治市场体系。土壤污染的整治和管理需要巨大的资金支持，单靠国家财政拨款远远不够，地方政府也不可能拿出大量的资金用于治理污染的土壤。应在国家建立专门的土壤污染整治资金的同时，鼓励和刺激社会资本投资于污染土壤的清洁和治理，促进污染土壤整治市场的形成和发展。在加强技术研发的同时，也要注重引进、吸收、消化适用于国情的国外先进技术，实现综合集成创新，搭建土壤污染治理修复与资源可持续利用的科技交流平台。注重搭建土壤环境的国际交流与合作平台，加强修复技术的引进与本土化，加快带动土壤修复新兴战略产业的发展。

（七）城市矿产专项工程

城市矿产资源综合利用是我国发展循环经济的重要组成部分，也是《循环经济发展战略及近期行动计划》中的重点支持内容。2010 年，国家发改委、财政部联合发布《关于开展城市矿产示范基地建设的通知》（发改环资〔2010〕977 号），拉开了城市矿产示范基地建设的序幕。截至目前，已经启动了 5 批次共计 39 个试点建设工作。在"十三五"时期，实施城市矿产专项工程，即以城市矿产示范基地建设为重要基础，通过技术创新及推广、制度机制完善等途径，进一步提高我国城市矿产资源综合利用水平，促进节能环保产业发展。

1. 研究制定产业发展规划，引导产业有序发展

近几年来，城市矿产示范基地建设取得了很大进展，对城市矿产行业发展做了有益探索，同时一些制约产业发展的问题也日益凸显。佛山市是 2012 年 10 月被批复的第三批国家"城市矿产"示范基地，但据人民网报道[①]，佛山市"城市矿产示范基地"已经难以为继，其主要原因是同质化竞争加大了经营风险。在国家层面，以若干节能环保产业及循环经济产业政策为指导，以实施矿产城市基地建设工程为支撑，规划了我国城市矿产产业发展的目标和路径。但是在地方层面，各地普遍对城市矿产产业发展规划缺乏重视，多是上行下效照搬国家层面的做法，没有因地制宜、统筹规划。很多地方的城市矿产工程虚有其表，还停留在废旧物品收购的低端水平，没有形成高效利用城市矿产资源的产业链条，低层次的同质化竞争严重，降低了城市矿产基地建设政策的执行实效。

因此，"十三五"城市矿产专项工程要规划先行，发挥规划对产业发展的引导作用。在国家层面，要充分调研城市矿产资源分布情况，制定城市矿产地图及路线图，

① 2014 年 4 月 16 日，人民网：国家"水专项"第一阶段突破关键技术千余项。

准确定位各个区域或地区在城市矿产专项工程中的功能，鼓励钢铁、水泥、有色金属等传统工业发达、工业技术基础较强的地区优先发展城市矿产资源化产品的加工业；引导其他地区优先发展成为城市矿产资源化利用的原料供应基地，促成"各取所长、联动发展"的良好态势。各个地方省市要依据城市矿产种类、产业机构、技术发展水平等各种基础条件，因地制宜制定城市矿产发展规划，对产业链条的各个组成部分要合理布局，确保加工能力与区域回收体系衔接充分，避免因同质化恶性竞争导致产业无序发展。

2. 建立完善监管机制，严防二次污染，规范行业健康发展

2015 年 2 月 27 日，人民日报发表了一篇反映城市矿产发展现状的文章①，缺乏有效监管，行业门槛过低，二次污染严重是这篇文章反映的主要问题。纵观"十二五"以来积极推进的城市矿产示范基地建设项目，由于国家专项财政资金的激励，激发了地方省市的申报热情，但是却鲜见规范行业发展的监管机制建设。大量的资金被用于直接支持从事城市矿产资源回收、再生等流程环节的企业，忽略了应制定相应的规则。城市矿产资源综合利用涉及多个行业，实现资源高效循环利用有赖于完善的监管机制。

重点要加强资源回收环节的监管。当前我国多数地方的城市矿产资源回收仍依赖于量大面广的"游击队"②，资源回收环节"正规军"③缺乏市场竞争力。加强资源回收环节的监管，是要分类制定废旧电器的拆卸标准，培育具有技术优势、能够实现回收—拆卸—分类处理等全流程的大型企业，基于对"正规军"和"游击队"的准确定位，发挥"游击队"在末端回收环节的优势，承载为城市矿产资源化产品生产企业提供原料或初加工材料的功能。依据《环境保护法》等法律法规，依法严惩城市矿产回收环节导致的二次污染。

3. 加快技术创新示范及推广应用，提高资源综合利用水平

城市矿产专项工程是资源综合利用产业的重要组成部分，涉及多个领域，需要信息技术、水循环利用技术、能源综合利用回收等多个领域的技术支撑。城市矿产基地建设工程已经证明，再生资源产业的发展若是离开了技术装备的支撑，很容易

---

① 城市矿产：向左生态，向右污染。
② 小型或个体回收企业/作坊。
③ 规模较大的具备一定技术能力的资源回收企业。

出现高值资源低效利用，甚至一些价值较高的资源未能充分利用的问题，造成二次污染。因此，加快技术创新示范及推广应用，发挥技术对城市矿产产业发展的支撑作用，是"十三五"城市矿产专项工程的重要工作内容。

一方面，要强化示范基地在提升技术装备水平方面的带动作用，引导专项财政资金加大对再生资源加工利用技术装备开发及产业化的支持力度，吸引科研人才、提高开发研发能力，尽快缩短与发达国家技术水平的差距。

另一方面，加快在废钢铁、废有色金属、废稀贵金属、废塑料及废橡胶等重点领域关键共性技术的研发。例如，在废钢铁领域，重点研发不锈钢机械化拆解及分离技术、废钢尾渣的综合利用技术等；在废有色金属领域，重点研发废旧铅酸电池回收清洁生产和强化熔炼关键技术与设备等，加强废有色金属的高值化回收利用技术与装备的研发；在废稀贵金属领域，重点研发稀贵金属再生和深加工等关键技术。

要加大支持力度，加快推进具备条件的技术示范工程建设，完善激励机制，鼓励推广应用先进适用成熟技术。

（八）共伴生矿及尾矿综合利用工程

由于地质成矿条件的极端复杂性，造成我国共伴生矿产多，单一矿种少；同时我国钢铁、有色金属等以矿产加工为主的行业产能总量大，经过多年的发展后，积累了大量的尾矿资源。随着环保和生态压力持续加大，以及资源紧缺程度加剧，共伴生矿及尾矿综合利用成为我国资源综合利用产业的重要组成部分，也是循环经济发展的主要内容。

1. 共伴生矿综合利用

1）加强矿业监管，杜绝滥采乱挖

多年以来，我国条块分割式管理导致矿业监管难，滥采乱挖严重，资源利用率极低。因此，在"十三五"时期，首先需要解决的是矿业监管问题，以强化对矿山开采环节的监管，提高矿山管理水平，杜绝资源浪费。同时，应针对各类矿产资源种类，加强共伴生矿产资源综合利用技术研发能力建设，完成矿产资源综合利用评价规范、矿产资源节约与综合利用指标体系，建立共伴生矿选矿回收技术标准。

2）加快共伴生矿组分研究，充分挖掘矿产资源潜力

当前，我国共伴生矿产资源总回收率仍远低于国外矿业发达国家，回收率仍处于较低水平。究其原因，工业化进程过快，矿山数量猛增，但所采用的生产技术进

步缓慢，普遍为粗放式经营，导致矿山主金属回收率低、伴生组分流失严重，矿山资源浪费严重。加快共伴生矿组分研究，提高技术装备水平，是实施共伴生矿综合利用工程的核心内容。鉴于我国矿产品位低、组分复杂的特点，应重点研发低品位共伴生矿产资源高效选冶、稀贵金属分离提取等技术，要研发大型、高效、节能环保的采选关键设备及辅助设备。同时，要加快微细粒磁铁矿全磁分选、磁铁矿细筛-再磨再选、贫磁铁矿预选、贫磁铁矿弱磁-反浮选、粗粒结晶磁铁矿磁-浮联合制备超级铁精矿等技术的示范工程建设，促进提高矿产综合利用率。

2. 尾矿综合利用

据工信部、科技部、国土资源部等部门组织编制的《金属尾矿综合利用专项规划（2010-2015）》指出，截至 2007 年，全国尾矿堆积总量为 80.46 亿 t，而铁尾矿占全部尾矿堆存总量的 1/3 以上。据不完全统计，目前我国累计堆存的铁尾矿量高达 50 亿 t 左右。而且随着铁尾矿排放量的提高，其堆存量日益增大。铁尾矿已成为我国排放量最大、综合利用率最低的固体废弃物，是当前我国工业固体废物的主要组成部分。同时，据《大宗工业固体废物综合利用"十二五"规划》指出，2010 年我国铁尾矿的利用率低至 10%以下，与发达国家综合利用率达 60%相比还存在很大的差距。

本节以铁尾矿为例，分析"十三五"时期尾矿综合利用工程的重点工作。

1）加快突破铁尾矿再选与回收有价元素关键技术及装备

尾矿综合利用最大着眼点是提取尾矿中的有价金属元素和非金属元素，提高资源综合利用价值，这不仅要求提升尾矿回收工艺技术，同时对尾矿回收设备也提出了更高的要求。"十三五"时期，铁尾矿综合利用的重点是推广应用近年来已有很大进展的尾矿回收工艺技术和回收设备，提高其对尾矿的适用性，严格控制再选与回收有价元素后二次污染的产生。需要重点突破的关键技术与装备包括尾矿中有价非金属矿物的高效分离提取技术、生物技术综合回收有色金属矿尾矿中有价元素的共性关键技术、尾矿中残余贵金属提取过程中氰化替代技术等。加快推广铁矿尾矿有价元素综合利用技术、有色金属矿尾矿中有价元素综合利用技术等。

2）加强尾矿管理，多措并举，提高尾矿综合利用率

提取有价元素是附加值最高的利用方式。但是由于尾矿中有价元素含量很低，二次选矿后仍然会有大量尾矿产生，因此要因地制宜，采取多种措施利用尾矿资源，减少尾矿堆积。常见的利用方式包括尾矿制作建筑材料、用作矿山采空区的充填材

料、作为土壤改良剂和微量元素肥料，以及利用尾矿复垦植被等。"十三五"时期，实施尾矿综合利用，首先要加强对新矿山的管理，削减尾矿堆积量，其次要以技术创新拓宽尾矿应用途径，提高对老矿山尾矿的消纳能力。

（九）餐厨废弃物资源化利用工程

为推动餐厨废弃物资源化利用和无害化处理，促进循环经济发展，提高城市生态文明水平，2010 年，国家发改委、中华人民共和国住房和城乡建设部（简称住建部）等启动了餐厨废弃物资源化利用和无害化处理试点城市建设[①]，截至 2014 年，已经先后确定了 4 批 84 个试点城市。2011 年，国务院批转住建部、环保部、国家发改委等部委《关于进一步加强城市生活垃圾处理工作意见的通知》（国发〔2011〕9 号），对餐厨废弃物做了明确说明，规定到 2015 年，50%的设区城市初步实现餐厨废弃物分类收运处理；到 2030 年，全国城市生活垃圾基本实现无害化处理。

据统计[②]，我国目前有 660 个城市，各类餐馆 350 多万家，餐厨废弃物日均产量超过 50t 的城市有 500 余个，保守估计，我国城市餐厨废弃物的年产生量不低于 6000 万 t，数量巨大。与此同时，虽然以实施试点城市为带动，我国餐厨废弃物资源化利用和无害化处理已经取得显著进步，但由于制度、技术及市场等，清运量仍严重滞后于城市需求。因此，在"十三五"时期，实施餐厨废弃物资源化利用工程，既有利于延续试点城市政策效应，也是中长期内环境治理和资源综合利用工作的重要工作内容。

1. 加强宣传引导，强化源头治理

以试点城市建设方案为指导，加强宣传教育，引导消费者科学消费，减少产生量；开展餐饮业分类存放、清洁生产、资源化利用、无害化处理等方面的宣传教育，促进源头减量化。

2. 重视基础能力建设，建立完善收储运体系

基础能力薄弱、缺乏完善的收储运体系，是制约我国餐厨废弃物资源化利用的

---

① 国家发改委、住建部等先后发布了《关于组织开展城市餐厨废弃物资源化利用和无害化处理试点工作的通知》（发改办环资〔2010〕1020 号）及《关于印发循环经济发展专项资金支持餐厨废弃物资源化利用和无害化处理试点城市建设实施方案的通知》（发改办环资〔2011〕1111 号）等文件。
② 资料来源：赛迪投资顾问整理，2012-07。

重要原因，也是试点城市建设的主要着力点。"十三五"时期，基础能力建设工程主要包括以下几个方面的内容：一是推动餐厨废弃物资源化利用相关法律法规和标准的研究制定工作，确立法律依据，规范操作流程，建立完善餐厨废弃物资源化产品评估及监督管理体系，避免二次污染；二是强化流程节点功能，即通过建立餐厨废弃物产生登记、定点回收、集中处理等体系，确保流程畅通，为后端资源化利用提供原料保障；三是要发挥信息化技术的辅助功能，建设收运台账、处理监控等电子信息管理平台、生产过程及产品监测系统及技术研发平台等。

3. 加快技术创新与示范，提高资源化利用水平

目前，餐厨废弃物资源化利用和无害化处理的技术路线总体分为饲料化、肥料化、能源化3种。近年来，全国各地对3种技术路线均有尝试，但由于我国相关技术成熟度不高，地方制度不健全，相关标准不完善等问题所限，成功案例较少。2012年7月发布的《"十二五"节能环保产业发展规划》提出"鼓励餐厨废油生产生物柴油、化工制品，餐厨废弃物厌氧发酵生产沼气及高效有机肥"，为我国发展餐厨废弃物资源化利用和无害化处理提供了技术路线的发展依据。目前，我国技术水平相对落后，因此应加快技术创新与示范、推广应用先进适用成熟技术。在"十三五"时期，我国要以建设示范项目为带动，积极推广应用先进适用成熟技术。

2015年3月21日[①]，国内某航空公司一架使用新型能源生物航油的航班从上海虹桥飞抵北京，这是我国首次使用生物航油进行载客商业飞行，也是我国生物燃料发展之路上的里程碑事件。这个航班使用的生物航油是从餐馆收集的餐饮废油转化而来的，说明我国在以餐厨废弃物提取炼制生物燃料方面取得了重大的技术突破，具备了推广应用的条件。当前制约我国大规模发展以餐饮废油为主要原料炼制生物燃料的因素包括原料保障问题、产品价格高导致推广难问题，以及规模化生产潜在的技术问题等。

通过建立完善收储运体系，能够逐步解决原料保障问题。目前餐厨废弃物资源化产品价格过高，如上述提到的生物航油的价格是常规石化产品的两倍。今后，一方面要进一步完善资源化产品价格补偿机制，提高资源化产品的市场竞争力；另一方面需要解决规模化生产中的技术问题，降低资源化产品成本，从而提高其竞争力。要重点突破生物燃油炼制和餐厨废弃物厌氧发酵生产沼气及高效有机肥的技术，提高燃油生产及使用过程二次污染的控制水平，因地制宜发展餐厨废弃物生产沼气及

---

① 我国首次生物航油商业飞行顺利完成。新华网，2015年3月21日报道。

有机肥产业，对具备示范条件的技术，要加大支持力度，缩短技术研发到推广应用的周期，推动餐厨废弃物资源化产品商业化。

四、中长期节能环保产业发展的重点和技术发展方向

（一）节能环保产业中长期发展重点

1. 节能产业

节能产业中长期发展的重点：一是发展以综合咨询服务为主导的节能服务产业，大幅提高节能服务产业的比例；二是发展跨领域、跨行业的节能技术及装备，推动节能、环保及资源综合利用协同发展；三是促进信息化与节能产业深度融合，推动节能技术创新、提高交通领域信息化管理水平，同时加快节能产业转型升级。

2. 资源循环利用产业

发展资源回收利用技术装备，加速推进产业化，提高资源产出率；城市矿产、餐厨废弃物和农林废弃物资源化利用等产业实现规模化发展，提高再生资源在终端消费领域的比例。

3. 环保产业

解决危害人民群众身体健康的突出环境问题，加大技术创新和集成应用力度，发展"互联网+"环保产业，推动大气污染防治、水污染防治、土壤污染防治、垃圾和危险废物处理处置、环境监测等的集约化、集成化、综合化和智能化。重点对 $PM_{2.5}$、重金属、有毒有害污染物防控，提高环保技术装备水平；发展膜、固态膜、陶瓷膜、金属膜等高效分离技术，发展电站、工业锅炉炉窑、机动车用脱硝催化等高效气相反应技术，创新生物环保技术工艺及相关新材料和药剂，发展资源化、能源化的污染防治技术，开展碳捕获与封存技术研发；发展环境服务业，推进第三方治理等新型服务模式；培育全产业链发展的龙头企业，在快速发展的同时不断提高行业集中度。

（二）节能环保产业技术发展趋势分析

1. 系统集成优化将成为节能环保技术创新的主要途径

以工业领域节能为例，我国工业面临着越来越严苛的节能减排要求，同时节能

空间趋窄，客观上给工业节能技术创新提出了更高的要求。目前，倚靠"单一技术"、"单一工序"节能已经不能确保实现行业节能目标任务，电子信息技术的快速发展将使得系统优化成为工业节能技术创新的主要途径。

系统优化不仅适用于钢铁、石化、建材等过程工业节能技术的创新，也适用于工业锅炉窑炉等通用设备、石油炼化装置等工业装备的更新换代或节能改造。例如，工业锅炉窑炉的能量转换效率的提高不仅取决于各个单元部件的效率，还与系统内各单元的相互作用直接相关，工业锅炉窑炉整体能效提升有赖于系统优化设计。在石油炼化装置方面，建立联合装置及集成设计已经初步显现节能效益，主要包括通过装置规模大型化，以及采用组合工艺或联合装置、实施装置热联合、多套装置集成设计及能量系统优化等途径实现节能。

能源管理中心、能量管理系统等以系统优化为主要特征的工业节能技术在钢铁等传统工业领域得到示范应用，并显示出较好的节能效果。随着电子信息技术进步和装备制造水平提升，系统优化将在工业节能技术及装备创新过程中发挥更加重要的作用。

系统集成优化也同样适用于环保技术和资源综合利用技术的发展。在环保领域，通过标准化、系列化和成套化的途径，促进环保设备的系统集成与优化，可达到实现在污染物控制与削减过程中，最大限度地降低设备投入和运行费用、节约占地、实现自动化等目标，进而全面提升我国环保产业的技术水平。环保设备的标准化、系列化、成套化研究是环保设备集成与系统优化的技术基础。通过设备型号和处理能力的标准化、系列化可实现核心部件制造专业化、模块化，有利于设备制造的流水作业。通过不同型号单元设备及不同处理方法的组合，发挥不同设备、方法的优势，并通过多方案比较，选出最佳优化方案，实现废物处理系统优化目标。在资源综合利用产业领域，技术创新的重点将是面向我国日益成熟的二次资源市场，对所拥有的专利技术和专有技术进行产业化系统集成和优化。

2. 信息化、智能化是推动节能环保技术向集成创新方向发展的重要驱动力

随着信息化技术不断进步，及其在节能环保领域的深度融合和渗透，节能环保技术将向智能化和集成创新方向发展。信息化技术是指以计算机为主的智能化技术，并且具备信息获取、信息传递、信息处理、信息再生、信息利用的功能。信息化技术已经成为社会经济快速发展的重要驱动力，也是推动节能环保技术智能化和集成创新发展的最主要因素。

1）信息化技术直接应用于工业领域，提升工业节能技术的智能化水平

通过在工业企业能源系统的生产、输配和消耗环节实施集中扁平化的动态监控和数字化管理，改进和优化能源平衡，实现系统性节能降耗的管控一体化系统，完善企业节能减排的全流程管理，从而实现节能降耗。例如，成功应用于钢铁行业（约节能 5%）的能源管理中心，即是这类技术的典型代表。随着电子信息技术更进一步发展，一方面，能源管理中心将大幅降低投资需求从而具有更广泛的适用范围，提高在石化、有色金属等行业的推广比例；另一方面也将促进信息化技术逐步实现与工业生产过程的深度融合，如推进信息技术在产品研发设计、工艺过程、生产线管控及运营管理等重点环节的融合与渗透，充分挖掘和释放工业生产过程中的节能潜力；最后，在工业领域探索运用物联网、云计算、大数据及新一代移动互联网通信等信息技术。

2）信息化技术作为辅助手段，加快节能环保技术集成创新

以计算机技术为主要基础的数值模拟、动态仿真等智能化技术快速发展，带动工业节能技术快速更新换代。以冶金流程工序界面技术为例，该项技术的理论研究始于 20 世纪 80 年代，其主要研究内容（包括钢铁制造流程工序衔接界面的物质流动力学理论研究及工序衔接界面的热物理机制和衔接界面动态仿真等）高度倚重数理模型分析和动态仿真等信息化技术。近几年来，计算机技术的快速发展，带动冶金流程工序界面的关键技术取得重大突破。可以预见，信息化技术在节能环保的融合和渗透不仅能够提高工业生产的自动化、智能化水平，也将带动跨行业、跨领域物质流、能量流协同优化技术及能源流网络集成技术等智能化水平较高的节能环保技术快速发展。

3. 通用技术的重点领域需要继续关注

1）节能领域通用设备

锅炉、电机等通用设备广泛应用于工业、建筑等领域，能源消耗总量大，技术发展水平与发达国家仍然存在较大差距，因此节能领域通用设备的技术创新仍是前沿节能技术发展的重点领域。

锅炉方面，调查发现我国工业锅炉平均运行效率一般在 65%左右，热效率比发达国家低 15%~20%，节能技术落后是其重要的制约因素之一（刘凤强，2014）。未来工业锅炉节能技术发展的重点领域包括：一是发展煤炭高效燃烧技术，提高燃煤利用效率；二是在锅炉系统融合信息化技术，提高系统能源管理水平；三是加强余

热压力回收利用技术在锅炉系统的应用研究；四是以系统优化扩展余热锅炉的适用范围，降低燃煤消耗；五是以技术创新促进热电冷联产技术推广应用。

我国锅炉以燃煤锅炉为主，环保压力要求锅炉技术创新要兼顾节能和减排，因此锅炉尤其是燃煤锅炉的减排及污染物控制技术也是锅炉技术创新的重要内容。

电机方面，一是加快电机能效提升技术的研发，如磁悬浮电机材料及制造技术、伺服节能技术等，提高电机能效水平，尽快缩短与美国等发达国家的差距；二是研究电机系统匹配控制技术，提高电机及其拖动系统的整体能效。

2）中低温余热资源回收利用技术

我国是钢铁、水泥及石化等传统工业产能大国，这些行业的生产流程会产生大量的中低温余热资源，目前，这些低品位余热资源回收利用效率尚处于较低水平。因此，在未来较长时间内，中低温余热资源回收利用技术及装备仍是我国节能及资源综合利用技术发展的重点。

一是以能级匹配为原则，重点突破低温余热梯级利用技术，以能量系统优化为基础，提高中低温余热资源回收利用效率。

二是要重点突破低温余热发电技术，提高能量转换效率。一方面在钢铁行业已有示范项目的基础上，加快完善并推广螺杆膨胀机低温余热发电技术；另一方面，重点突破有机朗肯循环技术、外燃机热气机循环发电技术及超临界二氧化碳循环发电技术等应用于中低温余热回收利用的技术难题，推动低温余热发电技术产业化进程。

三是要突破中低温工业余热储能技术、含热介质（水、蒸汽）中长距离输送技术及热泵技术等。

3）主要耗能行业前沿节能环保技术

钢铁行业：前沿技术主要包括优化工艺流程、开发更加节能的工序节能技术和开发资源综合利用技术两个发展方向。需要重点突破换热式两段焦炉、高炉渣和转炉渣余热高效回收和资源化利用及高炉炉顶煤气循环利用等技术。

电力行业：燃煤火电机组节能环保技术发展方向是提高机组参数、褐煤干燥技术的应用，以系统优化、技术集成提高火申机组的发电效率，降低污染物排放。需要重点突破的前沿技术是 700℃ 高效超超临界燃煤发电技术。

石油化工和化学工业：节能环保技术将以装备大型化、多联产及环保为主要发展方向。前沿技术包括规模化加氢型的油-煤-气共炼体系及工程技术、聚氯乙烯（PVC）无汞催化技术及低品位钾资源开采利用技术等。

有色金属行业：节能环保技术发展方向为短流程冶炼工艺、富氧闪速熔炼工艺、贫矿冶炼工艺等。主要前沿技术包括铜冶炼工业的短流程连续炼铜清洁冶金技术、难冶炼复杂铜资源复合型冶炼新工艺与成套装置及生物技术提取金属技术等；铝冶炼工业的低品位铝土矿浮选脱硅新工艺、低品位铝土矿高效节能生产氧化铝的新流程和新工艺、惰性电极铝电解新技术及 600kA 超大型铝电解槽技术等；铅冶炼工业的氧气底吹炉熔炼、熔体侧吹还原及铅雨冷凝技术等。

建材（水泥）行业：节能环保技术将以信息化技术融合为主要发展方向。前沿技术主要包括以循环经济为主要特征的绿色生态水泥企业建设工程技术。

支撑节能环保产业中长期发展的典型代表技术的进展情况详见附录七。

第十三章 促进节能环保产业发展的对策建议

一、系统梳理并完善制度体系，激发产业发展动力

（一）健全完善节能环保产业法律法规体系，强化监管促进提升执行效果

首先，健全完善节能环保产业法律法规，进一步完善《节约能源法》相关配套政策措施，尽快完成《环境保护法》（2014）的实施细则的研究制定工作，尽快出台《排污许可证管理条例》等。在法律法规制修订过程中，进一步明确执法主体，注重责权匹配，强化对责任部门执法效果的监督管理和问责，确保有法可依、执法必严，以法律法规为重要基础规范能源节约和污染源环境监管，提升节能环保产业发展空间。其次，完善国家和地方节能环保标准体系，逐步提高重点用能产品能效标准、重点行业能耗限额标准，完善污染物排放标准体系，适时增加标准中污染物项目数量，修订污染物排放限值。出台切实可行的节能环保产业的行业、技术、产品、服务标准，充分发挥标准对节能环保产业发展的引导促进作用，推动传统产业升级改造。在《关于加强节能标准化工作的意见》中，明确提出，力争到 2020 年，建成指标先进、符合国情的节能标准体系，主要高耗能行业实现能耗限额标准全覆盖，80％以上的能效指标达到国际先进水平，标准国际化水平明显提升。同时，要加强机制建设，监督能效限额标准、能效标准及各类污染物排放标准的执行情况，积极推进"能效领跑者"制度并逐步扩大其应用范围，切实发挥标准对节能环保技术及相关产业发展的引领作用。

（二）理顺节能环保产业管理体制，提高管理水平，凝聚动力加快产业发展

首先，要理顺产业发展管理体制，要整合各相关部门资源，改变当前多头管理、政出多门、管理效率低的现状，实现对节能环保产业的统一领导和行之有效的宏观调控。其次，要加强组织领导，发挥政府对产业发展的引导作用，借鉴发达国家经验，通过完善法律法规、标准规范及产业发展政策等，营造良好的产业发展环境。

最后，要加强对节能环保领域的行业协会、学会的建设。在政府职能转变的大背景下，通过加强服务来提升协会的凝聚力，使其充分发挥行业协调、自律、市场规范、调查统计、技术交流、科技创新与评价、科学普及等方面的作用。协助政府在推动、管理、协调、规范产业发展等方面发挥更重要的作用。

（三）整合完善产业相关的政策体系，建立后评估机制，强化政策落实

政策方面，首先要整合完善产业相关的经济政策体系。系统梳理与节能环保产业相关的扶持政策，针对政策盲区，加紧出台一揽子的跟进推动政策措施，完善相关政策的实施细则。其次完善有利于产业发展的土地政策，如对城镇污水垃圾处理设施、"城市矿产"示范基地、集中资源化处理中心等国家支持的项目用地，在土地利用年度计划安排中给予重点保障等。最后，要建立完善政策后评估机制。既能够使倒逼政策研究制定过程更加严谨、科学，确保出台的政策措施具有可行性；也能加强政策措施的执行过程监管，确保政策措施落实取得实效；同时，还能通过评估政策及其执行效果，分析需求、总结经验，进一步完善政策体系。

（四）完善节能环保产业统计制度，建立产业发展基础数据库

完善节能环保产业统计制度，加快推动节能环保产业统计体系的建设，将节能环保产业纳入统计局的常规统计范畴，为节能环保产业发展提供科学可靠的基础数据。加快建立节能环保产业发展情况基础数据库，由主管部门或节能环保领域的相关协会建立中央数据库，下设各种分类数据库，如行业、企业、技术、产品等数据库，形成信息网络。通过系统、全面、动态地收集相关信息，建立便于检索和传递的数据库，及时向政府相关部门、科研机构提供节能环保产业的动态数据、信息，以便准确地掌控节能环保产业的发展走势。扩展数据库功能，向各相关部门、企业提供及时、准确、全面、可靠的节能环保产业信息咨询服务。

（五）加大宣传力度，发挥社会舆论的监督作用，引导形成良好的社会氛围

一方面要加强对现有节能环保产业法律法规、政策体系及标准规范的宣传，促进信息公开；另一方面要引导社会舆论发挥对节能环保产业发展的正面监督作用，正向推动国家及地方政府严格执行产业发展相关法律法规和标准规范，切实落实各项政策措施；强化监管促进提升法律法规的执行效果，落实各项推动产业发展的政策措施，提高标准规范的约束力。例如，加快完善有关优惠政策的实施细则，让更

多节能环保企业了解并真正享受到脱硫、脱硝电价政策及垃圾、生物质发电电价、资源综合利用、循环利用政策等国家政策的实惠，把国家的政策用足、用好。最后，发挥社会舆论和民众对高耗能工业企业和高排放企业的监督，倒逼企业重视节能环保技术创新及改造，带动节能环保产业发展。

二、完善市场化机制，促进产业持续发展

（一）完善环境服务价格形成机制

国务院办公厅发布《关于推行环境污染第三方治理的意见》（国办发〔2014〕69号），首次提出"环境绩效合同服务"的概念。环境服务的价格形成机制，是推行环境绩效合同服务的关键问题之一。当前的环境服务价格形成机制不完善，定价随意性很大；本质上仍是成本定价法主导，服务效果在定价中处于从属甚至缺失的状态，环境服务带来的环境效益中污染物减排、碳减排、能源节约等外部成本内部化没有得到体现。对于在达标排放基础上进一步削减污染物（或者在环境质量达标基础上进一步提升环境质量水平）的努力鼓励不足，甚至形成劣币驱逐良币的局面。这需要通过适度提高排污费征收标准（对应未来费改税后更高额或更加高度差异化的环境税税率）、完善排污权交易市场和碳排放交易市场、出台指导性的环境服务定价导则（要充分考量污染物排放、碳减排及能源节约等环境服务带来的外部效益）等方法促使环境服务价格形成机制趋于完善。

（二）创新服务模式，完善市场化机制

当前节能环保产业的服务模式都是在各自的领域发展。以环保产业为例，总体上是在污染的末端治理内部沿产业链进行整合，不同的企业依据自身优势，选择了不同的整合方向，有从产业链前端向后端进行整合的，如设备公司做工程；也有从产业链后端向前端进行整合的，如工程公司收购设备公司、监测仪器企业做工程等。目前，污染末端治理领域的服务模式、商业模式已经发展到比较高端的水平，主要包括第三方治理、综合环境服务、政府采购环境服务及政府与社会资本合作（PPP）等。

节能环保产业服务模式的创新主要是指从服务的角度实现节能环保产业一体化发展。例如，环保产业要从污染物的末端治理向前、后两个方向延伸服务，"向前"

是进一步加强在传统行业（排污企业）进行清洁生产改造，从原材料、生产工艺等方面进行优化，提升技术水平，提高产品品质，减少污染物排放，从降低污染物末端治理的工艺难度、物料和能源消耗减少；"向后"是以循环经济理念为指引，通过技术创新提高污染物的资源化和能源化利用水平和效率。

未来节能环保产业在服务模式上的变化趋势，是产业间在服务模式和商业模式上的经验借鉴，例如，借鉴节能产业中合同能源服务的概念，环保产业提出了合同环境服务，并已经在《关于推行环境污染第三方治理的意见》（国办发〔2014〕69号）中演化成为环境绩效合同服务的概念。

（三）创新税收制度，推动产业发展

要创新税收制度，发挥鼓励型税收政策对节能环保产业发展的促进作用；发挥惩罚型税收政策对高能耗企业扩大节能环保需求的引导作用。加快推进完善资源税收制度，启动环境税研究制定工作。依据资源禀赋，适当扩大资源税征收范围，提高税率，拉大税收级次之间的差距，发挥税收对资源合理利用的激励作用；扩大消费税征收范围，发挥消费税限制消费不可再生资源及重要战略资源的作用；扩大环保产业营业税优惠的享受范围，发挥税收的激励作用；降低节能环保产业企业所得税优惠的门槛，带动环保企业投资。

（四）规范市场环境，促进产业健康发展

规范产业市场环境，扭转逆向淘汰现象清理和取缔涉嫌垄断、封锁和条块分割的地方保护主义政策措施，打破任何形式的地区壁垒和封闭型市场，加强相关监管和问责，实现省市之间、地区之间和产业之间的相互开放，形成统一的全国性的大市场体系。以节能环保产业、产品、服务相关的标准体系、规范条例为依据，建立产品供应链可追溯体系。

三、增加财政支持，吸引社会投资，推动产业发展

（一）要建立长期、稳定的节能环保投入机制，提高政府节能环保投入能力

建立节能环保财政支出与经济发展、财政收入双向响应机制，逐步提高节能环保支出占财政支出比例，确保节能环保投入增速高于经济发展速度。加大中央预算

内投资和中央财政节能减排专项资金对节能环保产业的投入，采取补助、贴息、奖励等方式，支持节能减排和环保产业发展重点工程。财政投入的重点应放到市场动力不强的管网建设和维护上。继续安排国有资本经营预算支出支持重点企业实施节能环保项目，每年安排一定量的资金支持急需的环保装备、产品的生产。地方各级人民政府要加大对节能环保重大工程和技术装备研发推广的投入力度，解决突出问题。

（二）设立国家节能环保产业发展基金，拓宽节能环保投融资渠道

节能环保产业发展贯穿生产、生活、消费等社会经济的各个环节，涉及工业、建筑、交通等各大领域，有些项目规模小、涉及面广，可复制性较差，需要大量的资金投入和严格的项目管理。银行贷款、发行债券、上市、信托、融资租赁、并购等现有投融资模式都具有一定局限性，难以形成节能环保产业发展的投融资抓手。借鉴英国、德国等发达国家的经验，设立国家节能环保产业发展基金，有利于在政府与市场之间构建一套有效的互动机制。一方面，政府可以直接参与管理，主导基金的投入领域，降低财政资金的使用风险，扩大财政资金的使用范围，有助于政府以基金项目资源为基础，深入了解行业发展的动态与趋势，准确及时的掌握政策执行状况，建立行业大数据库，为制定政策提供更加准确充足的发展依据。另一方面，节能环保产业发展基金可以将有限的财政资金集中起来，充分引导和吸引社会资金，共同推动节能环保产业发展，为投资者开辟新的投资渠道，以长期受益为目标，促进产业可持续发展。此外，通过专业的基金管理，能有效提高资金的使用效率，还可增加市场力量在节能环保领域的参与力度，与BOT（建设-经营-转让）、PPP（公私伙伴关系）、ABS（资产证券化）、PE（私募股权）、IPO（首次公开募股）等其他投融资方式互为补充，将节能环保产业加速推向资本市场。

除了设立产业发展专项基金外，还应着力于在其他金融产品和服务方面进行创新。主要包括：①按照现有政策规定，探索将特许经营权等纳入贷款抵（质）押担保物范围；②建立绿色银行评级制度，支持绿色信贷和金融创新；③支持融资性担保机构，加大对符合产业政策、资质好、管理规范的节能环保企业的担保力度；支持符合条件的节能环保企业发行企业债券、中小企业集合债券、短期融资券、中期票据等债务融资工具；④开展非公开发行企业债券试点工作，并可选择资质条件较好的节能环保企业先行先试；⑤稳步发展碳汇交易；⑥支持符合条件的节能环保企业上市融资，引导各种社会资本投资建设先进生产能力。

（三）健全财政转移支付制度

充分考虑我国地区间经济发展水平和地方财政支持能力的差异，统筹安排国家财政资金的分配，积极开展地区间单向支援、对口帮扶、双向促进等举措，推动区域节能环保协同发展，提高节能环保财政资金使用效率。

（四）将政府管理与市场机制有机结合

充分发挥政府财政资金的市场引导作用的同时积极发挥市场配置资源的基础性作用和政府的动态监控作用，引领社会资本根据产业发展状况和市场需求对产业的发展形成正向的助推作用。

四、提升核心竞争力和综合竞争力，提升产业发展水平

（一）培育龙头企业，引领行业发展

发挥政府管理部门及行业组织的服务协调功能，培育若干拥有自主知识产权和核心竞争力的大型优势企业，提高产业集中度。大力扶持专、精、特、新的科技型中小企业。形成大中小企业分工协作、产业结构比较合理的节能环保产业体系。依托国家生态工业园、节能环保产业园等平台，统筹规划，促成企业以优势互补、互惠共赢为基础，组建产业联盟。培育优势产业的上下游企业，结成产业链。协助优势产业链跨行业、跨产业地寻找、培育补链企业。尽快打造出几条完整的优势产业链，打造出几家可以提供整体解决方案的旗舰企业，造就一批具有国际竞争力的企业，把产业技术优势尽快转化为综合竞争优势。

（二）探索节能环保技术创新体系

节能环保产业应建立由国家引导、以市场需求为导向、以企业为主体、产学研相结合的创新体系。

由政府设立国家（省市）工程研究中心、国家（省市）工程实验室等，组建国家（省市）节能环保产业技术创新平台、解决方案中心等，发布节能环保产业技术目录，面向以企业为主体、产学研相结合的技术研发项目组招标，并提供一定的启动资金，支持关键技术研究。成果产业化后，国家通过税收返还补偿研发前期投入。

对新技术、新工艺、首台（套）等技术推广应用，财政采取后补贴的方式，给予资金奖励和分担风险，对关键、共性节能环保技术设备的研发应用给予扶持。注重对节能环保技术的知识产权保护。激励和引导企业关键技术创新，自主知识产权创新，引进技术消化、吸收再创新等，支撑我国的节能环保产业市场切实转化为有效需求。

（三）健全服务体系，推动节能环保服务业发展

通过工程的建设，实现节能环保服务的规模化、品牌化、网络化经营，实现全产业链、体系化服务。构建由节能环保服务公司、第三方测评机构和能源（环境）信息管理平台三部分构成的节能环保服务体系。探索节能环保服务新型商业模式，加强合同管理项目的推广应用，探索环境污染第三方治理运作模式，并积极发展节能集成服务等商业服务模式。强化和扩大节能环保服务范围，重点发展节能建筑工程设计咨询、节能环保监测、节能环保技术评价、节能评估和环境污染损害评估、环境影响评价等服务。

（四）以信息化手段提高节能环保产业的核心竞争力

一方面，以在工业、能源等传统领域加大力度推广应用工业互联网、工业云、网络协同制造、虚拟制造、分布式能源等信息化技术为基础，重塑产业组织与制造模式，推动工业、能源等传统行业实现高效低碳发展。另一方面，充分发挥信息化技术对传统行业绿色发展的支撑作用，带动节能环保产业发展。利用遥感、地理信息、卫星定位系统等突破节能环保管理实践的地域限制；还可依托无线通信技术建立环境监控信息系统，完善信息采集、分析及反馈功能，提高环境监测信息化管理水平。

五、创新机制，加大推广先进技术力度

（一）加大资金投入，拓宽资金渠道，提高资金使用效率

首先，加大节能环保技术资金投入。加大政策扶持力度，采取多种手段，拓宽资金来源渠道，形成有利于提高全社会节能环保水平的投入机制是确保实施节能技术创新的前提。加大政府对节能环保的投资力度，对节能环保技术与产品推广、示范试点、宣传培训、信息服务和表彰奖励等工作给予支持，所需节能经费纳入政府

财政预算。引导企业和社会重视节能环保技术的研发工作，积极参与并投入资金。

其次，建立专项资金，支持关键技术的研究开发、示范与推广。对鼓励发展的节能环保技术和产品给予相应的财政、税收优惠政策，加大节能环保设备和产品技术研发费用的税前抵扣力度。充分发挥金融杠杆的作用，通过市场进行融资，建立不同的资金渠道来弥补财政支持的不足。可以考虑设立专项资金，或者借鉴合同能源管理（EMC）等市场化机制吸引外部资金，通过多种形式增强资金支持力度。

最后，加快技术研发和应用与技术生命周期相配合，提高资金使用效率。技术的生命周期可以分为研究开发、示范推广和产业化应用3个阶段，政府制定激励政策应建立在这3个不同阶段上。在研发阶段，政府需要通过投入资金和提供技术平台等，鼓励科研机构、高等院校、企业等参与技术的研发；某些前期投资大、研发周期长的大型研究项目需要政府直接投资进行。在示范推广阶段，政府要对企业的市场推广投资在税收、土地等政策上给予优惠，鼓励企业建设示范工程，通过投资补贴、消费补贴等鼓励新技术产品市场的扩大。产业化应用阶段是技术创新周期的成熟期，此时技术发展更多地依靠市场本身。各个阶段离不开政府的资金支持，在资金使用过程中，政府要配以相关的细则来保证资金的使用效率。

（二）完善节能环保技术研发和推广的政策设计

首先，加快技术推广政策的制定，完善财政、税收政策。制定针对性更强的节能环保技术示范及推广政策，对节能环保项目具备示范的标准（包括创新性、技术含量等）、条件等关键性问题进行详细规定，提出示范效果的评判依据及确定推广应用的范围界定原则（如根据不同地区或者不同气候条件）等，并对项目推广潜在的风险作出预判，避免投资的盲目性，形成规范的示范项目评选机制和推广应用体制。进一步完善现有的鼓励节能环保技术推广的财政、税收、价格等激励政策。每年除在基本建设、技术改造资金中安排资金用于一批重大示范项目、重点技术推广项目外，还应考虑设立专项资金支持技术示范和推广。颁布专门针对节能环保的减免税、贷款优惠、节能基金等经济激励政策，增强节能环保项目的吸引力，提高节能环保项目的投资竞争力，使经济杠杆真正向节能环保倾斜。在实施技术分类推广引导的基础上，以技术推广基金、财政补贴和奖励、投资补助和贴息、税收优惠、绿色信贷等多种形式，根据节能效果、普及率、经济性等多项指标，区别对待、分类激励，最大限度地发挥支持资金的使用效益，引导节能环保技术进步。

其次，扩大激励政策覆盖范围，探索奖励新机制。建立有利于引导节能环保技术进步的资金支持机制，扩大激励政策的覆盖范围。以工业节能技术推广为例，建议将节能补贴和奖励细分，根据企业的规模、用能和节能技术的采用比例，将更多的企业纳入补贴范围内，调动企业参与节能的积极性。针对节能补贴实施中出现的负面效应和奖劣罚优现象，可以重新进行节能补贴的政策设计，探索节能奖励的新机制。以节能补贴为例，将节能补贴给用能单位，由用能单位通过雇佣节能服务公司节能的方式使节能服务公司间接获得补贴。对于节能服务公司来说，会致力于发展有竞争力的高端技术、开拓市场范围等，而不是盘算政府的财政补贴。在市场竞争的环境中优胜劣汰，才能真正培育出好的企业。对于用能单位来说，由于有了节能补贴资金，自身拥有节能积极性，并雇佣节能服务公司，从而扩大了节能的需求。

最后，加强顶层设计，建立节能环保技术研发导向政策动态调整机制。借鉴美国、日本等发达国家节能技术研发导向政策设计经验，由政府组织实施国内外技术调研，在调研的基础上制定国家节能环保技术发展战略，并建立动态调整机制以适应节能环保技术研发的最新进展。《国家中长期科学和技术发展规划纲要（2006-2020）》作为我国节能环保技术研发的根本导向政策大纲，已经不能完全适应当前我国节能环保技术研发形势，应对其进行调整，补充节能环保关键技术研发内容。结合我国的发展阶段，在继续关注单项技术突破的同时，以系统解决产业发展中的节能环保问题为原则，有针对性地选择一些引领节能环保产业领域发展方向的技术，如信息化和工业化融合技术、系统集成优化技术、跨行业节能环保技术等，集中研发力量，重点攻关，通过技术集成和应用，构建节能环保技术体系。

（三）完善节能环保技术服务体系，促进技术推广应用

首先，拓宽技术传播途径，积极搭建节能环保技术应用方和技术拥有方结合的平台。以工业节能技术推广为例说明，拓展节能技术推广目录以外的技术传播途径，充分发挥包括联盟组织、行业协会、技术推介会、节能技术展览交流会，以及节能服务公司等技术推广主体的作用，促进节能技术信息传播。运用市场机制，搭建节能减排技术应用方和技术拥有方结合的平台，积极开展节能信息交流，使节能技术推广走向市场化。政府定期组织相关部门开展节能技术供应和需求侧的基础调研并发布信息，为节能技术供需双方良好互动夯实基础。环保技术的推广应用也要注重扩宽宣传渠道、更新传播方式，借力行业协会等社会机构，提高推广效率。

其次，构建科学合理的技术指标体系。依据节能环保技术的特征和属性，构建以单位产品能耗/排放指标和技术经济性指标为主，节能量/减排量指标、能源效率指

标相结合的技术指标体系，统一指标核算的边界和方法，为先进节能环保技术遴选和评估、技术的推广分类提供评价基础。

再次，构建产业化、市场化和专业化节能环保技术服务队伍。引进和培育各类节能环保技术服务机构，开展提供节能环保信息、咨询、诊断、设计、施工、技术（产品）认定、项目评估、计量、融资、管理、能源审计等全方位的服务，推进由技术供应侧直接参与竞争、制订方案、选择和定制设备、安装调试、运行和培训服务一体的节能环保技术综合服务模式，促进节能环保服务产业化、市场化。在项目评估、能源审计、设计等专业技术要求较高的服务领域逐步建立节能环保服务机构、服务专业技术人员资质准入制度，实现节能环保技术服务专业化。

最后，探索和创新技术推广应用的商业运作新模式。探索政、产、学、研、中介、金融相结合的商业模式，尤其是使科技与金融的结合，通过金融创新和保险的介入，化解节能环保技术推广的风险。一方面，通过金融资本的支持，缓解企业尤其是中小企业为节能环保技术开发应用而受到的融资束缚；另一方面，金融市场所提供的风险规避与转移、公司治理、激励约束、价格发现、流动性供给等功能，为节能环保技术的发展提供了功能性保障。

六、加强产业发展人才队伍建设，推动产业可持续发展

（一）做好节能环保产业人力资源统计数据信息库建设

为切实提高节能环保人才队伍建设战略规划和决策研究的科学合理性，建议由有关部门牵头，组织有关统计方面的专家，尽快建立健全一套全面系统、及时准确、权威透明的节能环保人力资源统计信息网络系统，以便为节能环保人才队伍建设提供有力的统计信息基础和决策支撑依据。

（二）积极营造利于人才成长和发展的氛围与政策

政府有关部门要积极营造有利于节能环保人才成长和发展的绿色文化氛围和宽松政策。在节能环保人才队伍建设的政策制定方面，建议相关部门在出台相关发展规划、法规政策、规章制度等文件时，要注重节能环保领域人才队伍建设要求，提出从业门槛、任职资格和职称标准体系要求，提出相关管理人员职责要求等，为节能环保人才成长和发展营造一个宽松开放、公正平等、正向激励、长期有序的绿色

人文政策环境。

（三）建立健全节能环保产业人才管理制度

要理顺单位自主运作、市场引导与政府导向性规制三者之间的关系，建立健全节能环保产业人才管理制度，主要包括基于行业自律的节能环保职业准入制度、从业资质认定制度、职业诚信评估体系和人才市场有序流动机制。

加大节能环保单位中国有企事业单位人事制度改革步伐，积极引进现代公司管理制度和企业人力资本产权制度及绩效薪酬整合管理模式，并通过建立多元开放、彼此互补的产学研战略合作平台，委托高校和科研机构大规模培养节能环保领域创新型研发设计人才、开拓型经营管理人才和高级技能人才，大力开展能源管理师、环境影响评价工程师（环评师）等相关培训工作，从而由易到难、循序渐进地建立起有利于节能环保人才健康成长、可持续发展的职业秩序和市场机制。

主要参考文献

工业和信息化部.2012. 关于印发《环保装备"十二五"发展规划》的通知. 工信部联规〔2011〕622号

国家发展和改革委员会, 财政部.2011. 《关于印发循环经济发展专项资金支持餐厨废弃物资源化利用和无害化处理试点城市建设实施方案的通知》. 发改办环资〔2011〕1111号

国家发展和改革委员会, 住建部, 环境保护部, 等.2010.《关于组织开展城市餐厨废弃物资源化利用和无害化处理试点工作的通知》. 发改办环资〔2010〕1020号

国家统计局.2012. 战略性新兴产业分类(2012)(试行). http://www.stats.gov.cn/statsinfo/auto2073/201310/t20131031_450509.html[2016-10-2]

国家知识产权局规划发展司.2013. 专利统计简报. 第11期(总第150期)

国瑞沃德(北京)低碳经济技术中心.2013. 中国工业节能技术进展报告(2013)

国务院.2012. 国务院关于印发"十二五"节能环保产业发展规划的通知. 国发〔2012〕19号

国务院.2013. 国务院关于加快发展节能环保产业的意见. 国发〔2013〕30号

何霞.2015. 新一代信息技术与新产业革命. 中国信息化, (1): 7-10

贺林平, 程晨.2015. 城市矿产: 向左生态, 向右污染. http://www.zgkyb.com/observation/20150316_14549.htm[2016-3-16]

李鸿忠.2013. 加快转变发展方式 推动持续健康发展. http://theory.people.com.cn/n/2013/0917/c40531-22943266.html[2016-10-2]

李伟.2014. 着力培育经济增长新动力. http://www.qstheory.cn/dukan/qs/2014-07/01/c_1111347532.htm[2016-10-2]

林伯强, 杜克锐.2013. 要素市场扭曲对能源效率的影响. 经济研究, (9): 125-136

刘凤强.2014. 工业锅炉发展现状及趋势. 应用能源技术, (5): 19-20

齐晔.2014. 中国低碳发展报告(2014). 北京: 社会科学文献出版社

任悦平.2014. 佛山"城市矿产"示范基地建设为何难以为继. http://gd.people.com.cn [2016-10-20]

石磊, 谭雪.2013. 环保投入需要有力财政制度保障. http://www.qstheory.cn/st/hjbh/201308/t20130815_260206.htm[2016-10-20]

王宇, 李佳.2013. 新形势下的战略性新兴产业需求侧培育模式分析. 科学管理研究, (3): 78-81

中国环保网.2013. 环保投入需要有力财政制度保障. http://www.cnep001.com/news/detail- 20130816-12041.html[2016-10-2]

中国环保产业协会.2010. 中国环境保护产业协会关于"十二五"期间环保产业发展的意见(中环协〔2010〕112号)

中华人民共和国国家统计局, 国务院第三次全国经济普查领导小组办公室.2014. 第三次全国经济普查主要数据公报(第一号). http://www.stats.gov.cn/tjsj/zxfb/201412/t20141216_653709.html [2016-10-2]

附　　录

附录一　钢铁、有色金属、石化、化工、建材、造纸等六大行业及工业装备实现绿色发展的关键技术清单

钢铁、有色金属、石化、化工、建材、造纸等六大行业及工业装备实现绿色发展的关键技术清单见附表 1-1～附表 1-7。

附表 1-1　钢铁行业实现绿色发展的关键技术清单

技术类型	钢铁产品制造功能	能源转换功能	废弃物处理-消纳及再资源化功能
重点推广技术	（1）高效率低成本洁净钢生产系统技术（含少渣冶炼） （2）新一代控轧控冷技术 （3）高炉长寿技术	（1）高温高压干熄焦技术 （2）能源中心及优化调控技术 （3）烧结矿显热回收利用技术 （4）富氧燃烧技术和蓄热式燃烧技术 （5）焦化工序负压蒸馏技术	（1）城市中水和钢厂废水联合再生回用集成技术 （2）煤气干法除尘 （3）封闭料场技术 （4）钢渣高效处理利用技术 （5）冶金煤气集成转化和资源化高效利用技术
完善后推广技术	（1）适应劣质矿粉原料的成块技术优化 （2）经济炼焦配煤技术 （3）绿色耐蚀钢、不锈钢等绿色钢材应用技术 （4）转炉多用废钢新工艺	（1）界面匹配及动态运行技术 （2）烟气除尘和余热回收一体化技术（如烧结、转炉、电炉等） （3）烧结机节能减排及防漏技术 （4）炼焦煤调湿技术（CMC） （5）钢厂中低温余热利用技术	（1）烧结烟气污染物协同控制技术 （2）焦化酚氰废水治理及资源化利用技术 （3）含铁、锌尘集中处理高效利用技术 （4）焦炉烟道气脱硫脱硝技术
前沿探索技术	（1）换热式两段焦炉 （2）高效、清洁的全废钢电炉冶炼新工艺	（1）竖罐式烧结矿显热回收利用技术 （2）钢厂物质流和能量流协同优化技术及能源流网络集成技术 （3）焦炉荒煤气余热回收技术 （4）钢厂利用可再生能源技术	（1）高炉渣和转炉渣余热高效回收和资源化利用技术 （2）高效率、低成本 CO_2 捕集、回收、存储和利用技术 （3）钢铁企业颗粒物的测定技术和排放规律研究

附表 1-2　有色金属行业实现绿色发展的关键技术清单

重点推广技术	完善后推广技术	前沿探索技术
（1）高效、节能、低污染阳极精炼技术 （2）熔炼炉渣选矿技术 （3）高浓度 SO_2 烟气制酸及硫酸生产余热回收技术 （4）低浓度 SO_2 烟气高效处理技术 （5）高效强化拜耳法技术 （6）三段炉炼铅技术（底吹炉熔炼—液态高铅渣直接还原熔炼—烟化炉烟化技术） （7）铅富氧闪速熔炼法	（1）连续吹炼技术 （2）熔炼炉渣余热回收技术 （3）铜冶炼高砷物料中砷的脱除与固化-稳定化技术 （4）新型结构电解槽优化技术 （5）铝电解 PFC 减排技术 （6）铅矿浆电解技术 （7）锌冶炼热酸浸出-赤铁矿除铁技术	（1）铅膏泥全湿法处理技术 （2）铝电解清洁生产技术，包括烟气净化脱硫技术 （3）赤泥综合利用技术 （4）粉煤灰综合利用生产氧化铝的技术 （5）高效环保浮选药剂的研发

附表1-3 石化行业实现绿色发展的关键技术清单

重点推广技术	完善后推广技术	前沿探索技术
（1）原油混输与调合等供应链优化技术 （2）重点炼化装置工艺及系统节能技术 （3）重油催化裂化与加氢组合成套工艺技术 （4）加氢脱硫、吸附脱硫等清洁燃料生产技术 （5）新一代石化工业恶臭治理技术、污水深度处理、低浓度有机气体的催化燃烧技术、VOC减排技术等	（1）沸腾床和浆态床渣油加氢成套及组合技术 （2）宽馏分催化重整、固体酸烷基化、低温硫酸法烷基化、C5/C6 超强酸异构化等高辛烷值汽油组分生产技术 （3）清洁高效的百万吨级乙烯、芳烃生产成套技术 （4）加快利用新一代智能化应用和信息支持体系等先进信息技术，构建智能型工厂 （5）炼化企业与 IGCC（整体煤气化、制氢、CO 燃烧供热工程体系）	（1）构建 CO_2 用于微藻培养、微藻吸收工业废气中的 NO_x、微藻用于制油等一体化循环经济产业链工程研发 （2）探索发展与炼油和石化过程结合的生物炼制（生物能源、生物材料和化学品）工程技术 （3）探索研究规模化、加氢型的油、煤、气共炼等工程技术 （4）探索利用物联网、云计算、大数据、新一代移动互联网通信等信息技术

附表1-4 化工行业实现绿色发展的关键技术清单

重点推广技术	完善后推广技术	前沿探索技术
（1）微化工技术 （2）新型水煤浆气化技术 （3）大型粉煤加压气化技术 （4）煤气化的清洁生产技术 （5）氮肥节能节水技术 （6）湿法磷酸高效萃取净化技术 （7）磷石膏综合利用技术 （8）分离膜及膜器的制备和应用技术	（1）PVC 无汞催化剂技术 （2）流化床多晶硅生产新技术 （3）非水溶性钾矿资源高效利用技术 （4）缓控释肥开发利用技术 （5）水溶肥生产技术 （6）电石炉气制乙二醇技术 （7）全生物降解聚酯生产及应用技术 （8）煤炭分质综合利用技术 （9）氯化法钛白粉生产技术 （10）粉煤灰提铝技术	（1）磷矿石伴生资源（氟、硅、碘、砷、稀土）回收利用技术 （2）盐湖伴生资源（锂、硼、锶、铷、铯）回收利用技术 （3）低品位钾资源开采利用技术 （4）高效储能电池技术 （5）高性能催化材料和催化剂制备技术 （6）高端氟硅材料生产技术 （7）新型碳材料（碳纤维、纳米碳管、石墨烯等）生产技术 （8）生物炼制技术

附表1-5 建材行业实现绿色发展的关键技术清单

重点推广技术	完善后推广技术	前沿探索技术
（1）高固气比水泥熟料煅烧新工艺（水泥） （2）富氧/全氧燃烧技术（玻璃、陶瓷） （3）预拌预裹砂混凝土精准制造技术（混凝土） （4）无球化节能粉磨技术（水泥、玻璃、陶瓷） （5）薄型化建筑陶瓷砖成套技术和装备（陶瓷）	（1）固体废弃物（钢渣、粉煤灰等）提质改性制备生态胶凝材料技术（水泥） （2）利用可燃废弃物（生活垃圾、城市污水处理厂污泥）作为替代燃料技术（水泥） （3）窑体氮氧化物消化及窑尾脱硝技术（水泥） （4）玻璃熔窑余热发电及脱硫、脱硝一体化技术（玻璃） （5）干法制粉技术（陶瓷） （6）原料标准化技术（陶瓷） （7）高性能高效率滤膜袋收尘	（1）新型低碳、高标号、多品种水泥熟料生产技术（水泥） （2）水泥工业的 CO_2 捕集与资源化利用技术（水泥） （3）玻璃熔制过程的窑外分解与节能技术（玻璃） （4）微波烧成技术（陶瓷）

附表 1-6　造纸行业实现绿色发展的关键技术清单

技术分类	重点推广技术	完善后推广技术	前沿探索技术
废纸制浆造纸关键技术	（1）中性脱墨技术 （2）新式高效浮选技术 （3）废纸脱墨浆的高效漂白技术	（1）水性油墨脱墨技术 （2）生物辅助脱墨技术	（1）胶黏物生物脱除技术 （2）纤维性能增强技术
化学机械浆关键技术	（1）漂白化学热磨机械浆（BCTMP）清洁生产关键技术 （2）预处理加盘磨化学处理的碱性过氧化氢机械浆（P-RC APMP）清洁生产关键技术	（1）化学机械浆的热能回收和废气处理技术 （2）化学机械浆废水的"零排放"技术	（1）提高化学机械浆 H_2O_2 漂白效率的技术 （2）化学机械浆制浆前半纤维素预提取技术 （3）化学机械浆制浆过程中磨浆能耗进一步降低技术
化学法制浆关键技术	（1）木浆快速热置换蒸煮技术（DDS） （2）单塔/双塔氧脱木素技术 （3）全无氯/无元素氯漂白技术 （4）封闭筛选技术	（1）非木浆黑液高浓提取及蒸发技术 （2）非木浆快速热置换蒸煮技术（DDS） （3）生物辅助漂白技术	（1）白泥资源化利用技术 （2）污泥的资源化利用技术 （3）高效绿色化充分利用非木植物纤维原料的大型连续蒸煮制浆与生物质能源成套化技术与装备 （4）高效高附加值的纳米纤维素的生产与材料利用
现代造纸装备关键技术	（1）等压布浆技术 （2）智能型白水稀释水 （3）力式流浆箱技术 （4）夹网成形技术	（1）靴式宽压区压榨技术 （2）在线质量控制技术（QCS） （3）造纸机械状态监测与故障诊断系统（CMFDS）	（1）纸页检测（Wis）与监测（WMS） （2）高速造纸机智能化控制技术
制浆造纸末端废水处理技术	（1）好氧生物处理技术 （2）厌氧-好氧生物处理技术 （3）废水高级氧化深度处理技术	（1）脱墨废水膜分离处理技术	（1）废水处理过程的耗能检测研究 （2）废水处理过程化学品的二次污染研究

附表 1-7　工业装备实现绿色发展的关键技术清单

技术类型	重点推广技术	完善后推广技术	前沿探索技术
绿色设计	（1）基于生命周期评价的绿色设计与分析技术 （2）重型压力容器节能及轻量化关键技术	（1）以提高装备运行能效为目标的大数据支撑设计平台 （2）工业装备与过程匹配自适应设计	（1）以装备能效与绿色化全生命为目标的大数据支撑设计平台 （2）工业机器人的控制系统开发与关键部件的研发
绿色成形	（1）零件轧制和无模铸造精密成形技术 （2）清洁热处理与激光-电弧复合焊接技术	（1）铸锻焊热智能成形及高能束表面喷涂技术 （2）少无切削液绿色切削加工技术	（1）复杂零部件 3D 打印技术 （2）板材成形、硬化及连接一体化复合成形技术
绿色运行与在役再制造	（1）往复机无级气量调节系统技术 （2）基于工业互联网的机械设备健康能效监测诊断系统	（1）机械蒸汽再压缩（MVR）技术 （2）装备智能故障保护、自愈调控与节能调优技术	（1）工业装备基于实测数据库的剩余寿命预测技术 （2）基于工业互联网的承压设备设计、制造与维护智能化技术
绿色再制造	（1）提升装备零件性能的纳米表面工程与原位修复技术 （2）环保高效的再制造无损拆解与绿色清洗技术	（1）提高再制造生产效率的自动化表面工程与熔覆成形技术 （2）机械装备再制造毛坯无损检测与评估技术	（1）智能化高能束柔性再制造成形及数字化加工技术 （2）基于状态监测的再制造产品服役寿命预测与可靠性评价技术

附录二 钢铁、有色金属、石化、化工、建材、造纸等六大行业及工业装备实现绿色发展的引领性重大工程和示范带动项目

钢铁、有色金属、石化、化工、建材、造纸等六大行业及工业装备实现绿色发展的引领性重大工程和示范带动项目见附表 2-1。

	重大工程		示范带动项目
1	节能环保系统集成优化工程	钢铁	（1）烧结烟气净化余热回收高效一体化示范项目 （2）具有分布式能源特征的绿色、低碳焦化企业示范项目
		有色金属	（1）冶炼废渣、废水中砷资源化技术示范项目 （2）有色金属冶炼废水有价金属回收及深度处理回用技术示范项目
		石化	（1）本质环保、本质安全炼化企业构建工程示范项目 （2）炼化企业能量系统集成与优化工程示范项目
		化工	（1）煤基车用醇醚燃料（聚甲氧基二甲醚等）示范项目
		建材	（1）高能效低污染先进烧成技术示范项目 （2）大宗固废无害化安全处置和资源化利用示范项目
		造纸	（1）废纸高效循环利用、制浆造纸过程固废资源化高效利用集成技术示范项目 （2）节能高效高速板纸机及高速文化纸机的关键技术集成示范项目
2	绿色工艺改造及产品创新工程	有色金属	（1）两步炼铜高效清洁短流程技术示范项目
		石化	（1）新一代满足"京六"标准车用汽柴油生产示范工程项目 （2）绿色、高效的百万吨级芳烃生产成套技术示范项目
		化工	（1）煤基芳烃及下游新材料清洁生产示范项目
		建材	（1）干法水泥生产工艺节能减排改造示范项目 （2）浮法玻璃生产工艺全面提升改造示范项目 （3）陶瓷生产湿改干工艺创新示范项目 （4）高品质、功能化产品发展示范项目 （5）新一代玻璃熔制技术创新示范项目
		造纸	（1）非木植物纤维原料的高效绿色化利用示范项目 （2）植物生物质能源示范项目 （3）植物组分的绿色高效分离及高值化利用技术示范项目 （4）与制浆造纸过程密切相关的纳米纤维素材料制造与应用性示范项目
3	绿色产业生态链接工程	钢铁	（1）构建钢厂焦炉煤气制氢与石化行业的循环经济生态链，建设沿海钢铁-石化基地循环经济示范项目（广东湛江东海岛） （2）与城市共生钢铁企业示范项目（城市钢厂利用城市中水及钢厂低温余热给社区供热）

续表

	重大工程		示范带动项目
3	绿色产业生态链接工程	有色金属	（1）利用高含铝粉煤灰可生产氧化铝示范项目
		化工	（1）节水灌溉设备示范项目 （2）农业废弃物资源化利用示范项目 （3）新型农业循环发展集成试验基地
4	信息化、智能化提升改造工程	钢铁	（1）钢厂物质流和能量流、信息流协同优化示范项目
		有色金属	（1）矿山数字化建设示范项目 （2）基于全数字化智能槽控机的铝电解企业管控一体化系统的构建与应用技术示范项目
		建材	（1）高效智能化控制与管理技术示范项目
5	工业装备优化提升工程		（1）柴油发动机数字化快速铸造车间应用示范项目 （2）绿色热处理清洁生产示范项目 （3）石化机械在役再制造工程示范基地 （4）过程工业装备网络化健康能效监测诊断示范基地 （5）压缩机再制造示范项目 （6）钢铁冶金设备再制造示范项目 （7）大型、先进、高效、低投资和节能环保的造纸成套装备的制造与推广应用工程

附录三 我国交通运输能耗与二氧化碳
排放测算过程

1. 交通运输子行业能耗测算方法

一是铁路运输方面，铁路客运和铁路货运能耗测算如式（1）所示。

$$E_t = \sum_i \sum_j Q_{ti} \cdot x_{tij} \tag{1}$$

式中，E_t 为 t 年的铁路运输部门能源消费量；Q 为铁路运输量；t 表示年份；i 为运输类别，具体为铁路货物运输和旅客运输；j 为铁路运输机动车类别，具体包括蒸汽机车、内燃机车和电动机车；x 为各种运输工具的运输量的比例。

二是公路运输方面，具体公路营运车辆运输的能耗测算如式（2）所示。

$$E_t = \sum_i \sum_j Q_{tij} \cdot x_{tij} \cdot y_{tij} \tag{2}$$

式中，Q 为公路运输量；E_t 为 t 年公路运输能耗；i 为公路运输类别，具体为客运和货运；j 为机动车类别，具体包括汽油车、柴油车和天然气车；x 为各种运输工具的运输量的比例；y 为各种运输工具的单位能源消费量。

三是水路运输方面，水路运输能耗包括营运船舶能耗和港口生产能耗，具体测算分别如式（3）和式（4）所示。

$$E_t = \sum_i \sum_j Q_{ij} \cdot y_{tij} \tag{3}$$

式中，E_t 为 t 年水路运输能源消费量；Q 为水路运输量；i 为水路运输类别，具体包括水路货运和水路客运；j 为营运船舶类别，具体包括内河船舶和海洋船舶；y 为各种运输工具的单位能源消费量。

港口生产能源消费量计算如式（4）所示。

$$E_t = \sum_j Q_j \cdot y_{tj} \tag{4}$$

式中，Q 为港口货物吞吐量；E_t 为 t 年港口生产能源消费量；j 为港口类别，具体包括内河港口和沿海港口；y 为各种运输工具的单位能源消费量。

四是航空运输部门方面，能源消费量计算如式（5）所示。

$$E_t = \sum_i \sum_j Q_{ti} \cdot x_{tij} \qquad (5)$$

式中，E_t 为 t 年航空运输部门的能源消费量；Q 为航空运输的运输量；t 为计算年份；i 为航空货物运输和航空旅客运输；j 为各航空运输企业。

五是私人乘用车、非营运车辆、农用运输车和摩托车等，能耗计算方法是按车辆消耗法计算。车辆消耗法是以百公里燃料消耗量和车辆年行驶里程为调查指标，利用汽车保有量计算能耗总量的方法，此方法既要求细致的车型分类以保证计算精度，又要考虑兼顾数据的可得性。本报告参考交通运输部道路运输司及新的汽车分类国家标准（GB 9417—89），对机动车车型分类如附表 3-1 所示。

附表 3-1　机动车车型分类

大类	描述	细分		细分描述
乘用车	用于载客的汽车，包括驾驶员座位在内共9座或者9座以下	私人乘用车		主要用于私人使用的乘用车
		城市出租车		用于城市出租的乘用车
客车	用于载客的汽车，包括驾驶员座位在内共9座以上	城市公交客车		用于城市公交系统的客车
		公路营运客车		用于公路营运的客车
		非营运客车		用于非营运用途的客车
货车	用于货物运输的汽车	营运货车		用于营运用途的货车
		非营运货车	重型货车	最大总质量大于14t
			中型货车	最大总质量大于6t小于等于14t
			轻型货车	最大总质量大于1.8t小于等于6t
			微型货车	最大总质量小于等于1.8t
		农用运输车		
摩托车	用于居民代步的摩托车			

具体能耗测算模型如下：

$$E_i = D \cdot Q_i \cdot G_i \cdot L_i / 1000 \qquad (6)$$

式中，E_i 为机动车的车辆总耗油量（万 t）；i 为车型分类（私人乘用车、非营运客车、非营运货车、农用运输车和摩托车等）；Q_i 为车型 i 拥有量（万辆）；G_i 为车型 i 平均百公里油耗（L/100km）；L_i 为车型 i 年平均行驶里程（100km）；D 为燃油密度（汽油密度为 0.74t/1000L，柴油密度为 0.839t/1000L）。参考相关研究（具体来源见专栏1），不同类型车辆平均油耗和年均行驶里程如附表 3-2 所示。

【专栏】 我国交通运输行业能源消耗数据来源

（1）公路水路运输单耗数据来源

本文中公路水路运输能耗数据参考了《中国交通运输统计年鉴 2005—2012》、《中国统计年鉴 2005—2012》、《中国能源统计年鉴 2006—2013》及交通运输部历年统计公报、交通运输能源统计报表制度，以及交通运输部低碳交通试点城市调研数据。此外，本文水路运输、港口能耗还参考了 2008 年交通运输部组织开展的全国公路水路运输量专项调查和第三次港口普查数据。

（2）铁路和民航能源强度数据来源

铁路和民航能源消耗数据来自《全国铁路历史统计资料汇编》、《铁路统计指标手册》和《从统计看民航》。目前中国公布的铁路和民航交通能源能耗强度数据已经折换成吨公里给出，铁路按照 1 人公里折算 1 吨公里，民航按照 1 人公里折算 0.1 吨公里；但从能耗的角度来讲，铁路客运 1 人公里的能源消耗和铁路货运 1 吨公里的能源消耗不同，因此不能使用统一的能耗数据；本文参考了《中国交通运输中长期节能问题研究》中铁路货运和客运能耗强度设置，根据货车和旅客车厢的自重，以及货物重量、标准载客质量（考虑了旅客列车服务品质量），铁路客运和货运能耗强度比 1∶1.51。

（3）私人乘用车年行驶里程设置来源

私人乘用车的年行驶里程按照使用性质可以分为短途里程和长途里程。城内短途里程的主要用途是日常出行（如上下班）、周末郊区旅行等，长途出行里程指的是城市间较长距离的出行。本文参考了清华大学中国车用能源中心《中国车用能源展望 2012》中关于私人乘用车的年行驶里程设置，分别计算大、中、小城市和农村的私人乘用车年行驶里程，并对私人乘用车年行驶里程按照汽车保有量进行加权平均，得到私人乘用车的年行驶里程为 1 万 km。

附表 3-2 不同类型车辆百公里油耗和年均行驶里程（单位：L/百公里和 L/万公里）

车型	私人乘用车	中型客车	大客车	微型货车	轻型货车	中型货车	重型货车
平均油耗	8	15	20.5	8	13	20	25
年均行驶里程	1	1.7	2.0	2.0	2.1	2.5	3.5

根据上述模型及参数，可测算出历年我国铁路运输、公路运输、水路运输、航空运输、私人乘用车、非营运车辆、农用运输车和摩托车的能源消耗。

2. 交通运输子行业碳排放测算方法

碳排放测算方法根据《2006 年 IPCC 国家温室气体清单指南》第 2 卷第 3 章给出了估算碳排放的方法，如公式（7）所示。

$$CO_2 = \sum (F_j \cdot E_j) \tag{7}$$

式中，CO_2 为二氧化碳排放量；F_j 为燃料 j 的消耗；j 为燃料类型；E_j 为 CO_2 排放因子；各种能源类型的折标（标准煤）系数及 CO_2 排放系数如附表 3-3 所示。电力作为二次能源，在运输阶段按零二氧化碳排放考虑。

附表 3-3　各种能源的折标系数和碳排放系数表

项目	折标煤系数	碳排放系数
电力	0.330kgce/（kW·h）	0
柴油	1.4571kgce/kg	3.1604kg/kg
汽油	1.4714kgce/kg	2.9848kg/kg
燃料油	1.4286kgce/kg	3.2366kg/kg
天然气	1.33kgce/m³	2.1840kg/m³
液化天然气	1.862kgce/kg	3.0614kg/kg

附录四　绿色交通工程科技

一、三类关键技术

（一）交通运输类重点推广技术

节能减排产品和技术推广应用能力在建设方面已初见成效。目前，节能减排示范项目方面，交通运输部已发布了 5 批共 100 个交通运输节能减排示范项目；车船节能产品目录方面，"十二五"以来，组织开展了交通运输建设科技成果推广目录发布工作，重点推广了两批车船节能产品（技术）目录，使更多节能效果好、经济效益高的节能产品（技术）进入交通运输市场，通过这些科技创新与推广应用，交通运输节能减排的技术基础和保障能力不断增强。

节能技术主要是指以提高包括化石燃料在内的能源使用效率，尽可能降低碳排放强度的技术。

1. 道路运输技术推广

1）道路基础设施技术推广

i）低碳公路设计技术推广

道路条件影响汽车的油耗，道路条件是指道路的几何条件和路面特性，如线形、纵坡、弯度、路面质量和平整度等，主要表现为公路技术等级和路面等级指标。

ii）公路沿线设施用电节能技术推广

包括公路沿线的监控、通信、收费、照明、供配电和隧道通风照明系统等机电设施的节能技术。

2）车辆技术推广

i）车辆大型技术推广

大吨位货车技术。采用拖挂运输可以比单车运输平均降低油耗 30%左右。

大容量双层客车技术。大型豪华客车等高档车比例的提高，会对公路客运能源强度指标产生负面影响。

ii）车辆制造技术推广

发动机技术。提高发动机热效率可以提高节能水平。

汽车轻质化技术。汽车总质量影响到汽车的滚动阻力、坡道阻力和加速阻力，对汽车的燃油经济性影响很大。

汽车外形。为克服空气阻力而消耗的发动机功率与汽车行驶速度的 3 次方成正比。

车辆底盘匹配技术。过高或过低的经济车速将使车辆大部分时间在非经济车速下运行而大大提高车辆的油耗。

传动系。汽车传动系效率越高，传递动力过程中的能量损失就越小，汽车的油耗也就越低。

轮胎。汽车轮胎对滚动阻力系数影响很大，改善轮胎结构，可以降低汽车油耗。

制动能回收利用技术。开发、使用储能系统，吸收汽车制动能，并通过储能系统吸收和释放能量使发动机在最佳经济区域内工作。

废气余热利用技术。发动机的排气约占整个发动机消耗能量的 33%。如何利用排气能量是汽车节能的重要途径。

附属设备节能减排技术。如采用新型高效空调等是汽车节能减排的有效途径。

iii）在用车辆维修保养技术推广

车辆维护保养水平。加强在用汽车的维修保养，对汽车与发动机根据不同使用环境条件进行匹配和技术改进，可使其在特殊环境下具有良好的技术性能，有效消除故障，保持其良好的技术状况，可以有效降低能耗。

iv）汽车节能产品技术推广

汽车节能产品是指以降低汽车燃料消耗为目的，同时对汽车的其他使用性能无不良影响的产品如燃油节能添加剂、润滑油节能添加剂、高能电子点火器、调稀混合气类节油产品等。

3）运输管理技术推广

i）交通流管理技术推广

交通拥挤缓解技术。道路拥挤会使汽车经常处于低于经济车速的条件下行驶，增加油耗。

交通流管理技术。通过改进交通信号、建立单行线网络、拓宽交叉路口、平交路口改立交路口、高速公路监控、尽可能减少堵车、缩短车辆在途等待时间等，可以降低车辆运营过程中的能源消耗。

交通信息化与智能交通技术。智能交通系统（ITS）、不停车收费（ETC）技术等。

ii）运输组织管理技术推广

运力资源合理配置技术。充分利用现有车辆运力资源，结合车辆实载率水平，合理配置车辆。

运输组织方式优化技术。载货汽车中拖挂车比例的提高有利于增大载重量利用率，减少空驶里程，提高实载率，有效降低油耗。

iii）汽车节能驾驶技术推广

驾驶模拟器、多媒体教学系统、学时记录仪等设备技术。

2. 水路运输

1）航道技术推广

提高航道的通航等级状况，能够最大限度地利用良好的内河自然条件，有力促进大型化、专业化船舶的发展需求，提高船舶的平均吨位，优化船舶运力结构，实现节能降耗；此外，航道网的形成可以增加水路运输的航距，减少中间环节，节能减排效果更为明显。

2）船舶节能技术推广

i）船舶燃料技术

船舶运输的能源消费品种主要包括柴油、重油（燃料油）等。采用柴油更有利于节能。添加船用燃油添加剂也可以改善燃油品质，提高燃油热效率。

ii）船型设计水平

（1）船型优化设计。船舶节能的关键是节能船型的优化设计。典型的有双尾船型、蜗尾船型、球尾船型、球鼻首船型等。

（2）大吨位货船技术。船舶运输能源强度随着排水量呈现快速下降的态势。

iii）船舶动力装置及配套设备

（1）新型发动机技术。目前柴油机主机趋向低转速、长冲程，其目的主要是降低耗油率，同时该类主机与低速大直径螺旋桨匹配效果较好。节能型大功率主机主要是降低耗油率，燃烧重油或代用燃料。

（2）主机余热回收利用技术。回收主机废气热量节能潜力巨大。可将余热回收在废气锅炉中，再添水加热以产生蒸汽，用来驱动蒸汽透平发电装置。

（3）螺旋桨。新型螺旋桨提高了推进效率，在保持船舶航速不变的前提下，可节约主机功率少则3%～4%，多则8%～10%。

——电子喷油系统装置。

——优化机舱布置及改善主机进气环境。

（4）新型气缸油注油器。电子定时旋流喷雾式气缸油润滑系统，改变了以往气缸油采用机械定时注油与活塞环布油润滑的传统润滑方式，主机气缸油日消耗量可以降低23%。

（5）排气扩压管节能技术。排气扩压管节能技术即在主机带排气管出口端，增加一段排气扩压管，与主机带排气管相连接，减小流速和流阻损失，促进残留废气排出。

（6）轴带发电机节能技术。轴带发电机即在主机驱动螺旋桨旋转的同时，一并带动发电机运转。其突出优点是节省专用的辅助柴油机和节省燃油。

废气涡轮发电机组发电方式则利用主机废气热能，驱动废气涡轮发电机发电。

iv）船、机、桨匹配优化技术推广

（1）开发优秀节能船型，改善与螺旋桨的配合，提高推进效率。

——改善船、机、桨匹配的螺旋桨削边技术。

——提高螺旋桨推进效率。

（2）新型高效推进器。低转速大直径螺旋桨、适伴流调距桨、可调距螺旋桨、对转螺旋桨、导管螺旋桨、无梢涡螺旋桨及部分浸水螺旋桨等。

（3）水动力节能附加装置。补偿导管、前置导管、桨前整流鳍（可提高航速或节省主机功率 5%左右）、舵附推力鳍（助推效率可达 3%～4%）、桨后固定叶轮、Grim 自由旋转叶轮等。桨后自由旋转助推叶轮的节能效果一般在5%～10%。

（4）特殊船舶节能技术。如桨后助推节能扭曲舵，在 500t 沿海货船上加装时得到了满载航行时节能 8.9%的实效；日本开发出微泡沫船舶节能技术，使船舶水摩擦阻力减少 12%，节约燃油 8.5%。

（5）风力及其他助推方式。利用风力资源，采用风帆助航是船舶节能的另一有效途径。

3）运输组织管理技术推广

i）航行节能技术

（1）船舶运输节能综合优化技术。开发运输生产全过程综合优化节能新技术，建立相应的节能管理系统，推动节能向生产全过程综合优化方向发展。

（2）船舶航行工况优化。获得综合确定节能效果最优的工况，实现最佳的节能效果。

（3）优化编组队形。船队编组队形对水流阻力具有重要影响。正确处理好拖带量与经济航速的关系。

（4）利用潮流。利用潮流发航，即在感潮河段内涨潮时乘潮由下游驶向上游方向的航行方法。

（5）淌航。利用下水（顺流）航行时水流的推力作用，船舶采用慢车或停车的方法，顺流漂淌，达到降耗目的。

ii）船舶经济航速管理技术

减速航行。

iii）气象导航与航线优化技术

（1）气象导航。通过应用卫星导航技术，合理设计航线，选择最佳航线，实行经济航速，减少航行里程；通过计算航次成本，确定最佳经济航速；此外，合理利用风向、洋流也能起节能作用。

（2）航线优化。科学、经济的航线可以有效降低燃油成本。

iv）船舶维修保养管理技术

船舶设备是否处于高效率、低消耗的技术状态运行是船舶节能的关键。船舶的主要耗能设备是柴油机。保证维修质量、加强保养是维持柴油机技术指标的重要手段之一。

v）船舶辅助用能管理

通过加强船舶辅助用能的管理，尽量减少船舶的辅助用能。例如，船舶在装载和卸载过程中，从岸上获取动力，在靠泊时关闭所有附属设备，可以带来显著的节能效果。

vi）船舶航行运营管理技术

（1）提高船舶载重量利用率。影响船舶实载量利用率的因素有：港口水深限制、船舶油水存量、船舶常数、船舶压载水存量、船舶受载舱容等。船舶如果产生一定的左右倾斜或纵倾调整不佳，则会形成左右主机负荷不均，导致船舶单位能耗上升。

（2）提高货物对流系数。做好货物的双向平衡，提高货物对流系数，减少船舶单向空载率。

（3）优化营运管理水平。先进的通信设施和管理方法；船舶航行动态和航道信息的掌握状况；运输车辆、船舶实载率和运输效率；船舶配载装运的科学调度水平；码头车船、水上船与船（驳）直取作业的比例。

（4）缩短码头靠泊时间。加强与代理、港方、装卸公司、办证机关和检查检验单位等各有关方面的协调配合。

3. 港口生产重点推广技术

1) 港口节能设计

港口节能设计应主要考虑 3 个方面：①港口总平面布置；②港口装卸工艺及港口机械方面；③港口配套工程方面（如供电、照明、建筑、供热及空调等方面）。

（1）新建港口工程项目的装卸工艺和设备选型设计水平。各类码头装卸工艺系统及系统各环节之间的能力匹配状况，低能耗、高效率的装卸设备的比例构成，以电能作为动力源的装卸设备的比例是影响港口生产效率和综合单位能耗的重要因素。

（2）港区供电技术。新建港区或在老港区电网改造时，通过加强与供电部门协调协作，积极采用先进技术，治理高次谐波，减少高次谐波产生的附加损耗，可有效提高港区电网供电质量。大型专业化码头推广变频调速、自动化系统控制技术，可有效减少电能在传输过程中的消耗。

2) 港口装卸设备技术

——集装箱码头设备和散货码头设备关键技术；

——散货码头皮带机系统节能控制技术；

——码头运输车辆、流动机械的先进内燃机节油技术；

——电能回馈、储能回用技术；

——港口辅助生产设备技术。港口辅助生产用能涉及港口设备维修、港口辅助生产建筑物、港口照明、给排水、供热及通风空调、洗浴餐饮等多方面。提高这些设施设备的能源效率，能够实现港口辅助生产节能减排的目的。

3) 港口生产组织管理技术

i) 港口生产调度管理

合理配置参加装卸作业的装卸机械，减少待机时间，减少作业中间环节，甚至车船直取作业；合理安排工艺流程，缩短运距；可以合理安排作业时间，"削峰填谷"，取得明显的节能效果。

ii) 港口装卸工艺

优化装卸工艺，合理配置资源，加快车船周转、简化工艺流程、减少操作环节，缩短货物运输的水平距离、降低提升高度。

优化集装箱装卸工艺，通过采用智能模糊技术、开发先进的集装箱卡车全场智能调控软件，实现集卡智能调度。

集装箱堆场管理信息系统的推广应用，可以减少翻箱量。

iii）装卸设备用能管理

提高设备的完好率、利用率等指标，改善装卸机械的负载率、单机船耗率等指标。

iv）港口辅助生产用能管理

辅助生产涉及港口设备维修、港口辅助生产建筑物、港口照明、给排水、供热及通风空调、洗浴餐饮等多方面内容。可采用节能灯具，合理控制港区照明的开启时间，地源热泵进行供热和制冷等节能方法或技术。

（二）完善后推广技术

目前，2011年财政部和交通运输部设立交通运输节能减排专项资金，用于支持交通运输节能减排工作，其中，设定了专项资金优先支持领域和技术，用于完善后推广，目前，重点支持领域包括30项，为完善后推广技术，具体包括：节能照明技术推广、地源热泵系统应用、温拌沥青混合料技术应用、沥青路面冷再生技术应用、靠港船舶使用岸电技术应用、集装箱码头RTG"油改电"技术应用、港口带式输送机节能技术、天然气车辆应用技术推广、绿色汽车维修技术应用、机动车驾驶培训模拟装置应用、天然气船舶应用、营运船舶节能技术应用、施工船舶节能技术应用、营运车辆智能化运营管理系统、车辆超限超载不停车（高速）预检管理系统、港口智能化运营管理系统、内河船舶免停靠报港信息服务系统、公众出行信息服务系统应用、物流公共信息平台推广、公共自行车服务系统应用项目技术、港口供电设施节能技术应用、港口生产工艺优化应用、港口机械自动控制系统节能技术应用、电子不停车收费系统、公路隧道通风智能控制系统、高速公路公众服务及低碳运行指示系统应用、公路沿线设施建筑节能技术应用、公路建设施工期集中供电技术应用、能耗统计监测管理信息系统应用和太阳能在交通运输基础设施中的应用技术。此外，加大节能减排科技成果推广力度，组织开展公路隧道照明节能技术、内河船舶电力推进系统、多功能航标成套技术等技术与产品的推广应用。

（三）前沿探索技术

目前，交通运输部开展了一批前沿探索技术，主要包括清洁能源技术推广（清洁能源技术具有低碳或无碳排放的特征，是对化石能源的取代）、如风力发电技术、太阳能发电技术、水力发电技术、地热供暖与发电技术、生物质燃料技术、核能技术等。道路运输清洁能源技术方面，主要用于车辆燃料。已知可用于汽车的替代能源有电能、氢气、甲醇、乙醇、天然气、液化石油气、二甲醚、太阳能和生物质能等；水路运输，主要用于船舶燃料。开发和利用新能源，如核能、风能、电能、磁能、海流和太阳能都有可能成为船舶动力的新能源；港口可再生能源利用技术，主要在港口照明、采暖、制冷及洗浴等港口辅助生产用能方面，推广应用太阳能、地源热泵及海水源热泵技术、潮汐能利用技术、小型风能利用装置等可再生资源利用技术。

二、重大创新工程

（一）创新工程

近年来，依靠制度创新、管理创新、科技创新，交通运输节能减排工作取得了重要突破和进展，注重创新驱动，低碳发展内生动力不断增强。

一是在制度创新上，经过几年努力，初步形成了包括法规、规划、标准和规范的多层次制度体系。制定了交通运输行业"十二五"和中长期的节能减排规划，印发了《交通运输行业应对气候变化行动方案》《交通运输行业"十二五"控制温室气体排放工作方案》，颁布了《建设低碳交通运输体系指导意见》，出台了营运车辆燃料消耗量限值及测量方法、码头船舶岸电设施建设技术规范等20项公路水路相关标准和规范，各地交通运输主管部门也根据自身实际制定了相应的中长期规划、"十二五"专项规划和具体实施意见，通过这些法规、规划、标准和规范的制定与实施，对规范开展交通运输节能减排工作起到了重要的指导作用。

二是在管理创新上，建立并完善了交通运输节能减排专项资金激励机制。2011年，联合财政部设立了交通运输节能减排专项资金，通过确定交通运输节能减排优先支持范围和领域，开展专项资金支持项目申请和审核工作，自专项资金设立以来，共对413个项目给予"以奖代补"，补助资金总额为7.5亿元，所形成的年节能量为15.8万tce，替代燃料26.2万toe（toe为吨标准油），减少二氧化碳排放69.9万t，用7.5亿元的专项资金拉动了200亿元的交通运输节能减排投资，同时也加快了交通运输装备制造产业、信息化产业的技术进步，充分发挥了节能减排专项资金对社会经济发展的拉动作用，对交通运输节能减排的引导作用。2012年，研究提出了节能减排专项资金区域性项目和主题性项目管理模式，开展了节能减排项目的第三方审核试点工作，通过创新资金管理模式，逐步实现从支持零散项目向扶持规模化聚集性区域、主题项目转变。2013 年，区域性与主题性试点、第三方审核试点工作全面铺开，发布了《交通运输节能减排第三方审核机构认定暂行办法》《交通运输节能减排专项资金支持区域性、主题性项目实施细则》《交通运输节能减排能力建设项目管理办法》等配套文件。配合交通运输部节能减排专项资金的设立，江苏、重庆等地方也设立了专项资金，加大了政府财政资金的投入力度。通过节能减排资金和项目管理模式的持续创新，对企业开展节能减排工作产生了很好的引导作用。

三是在科技创新上，开展重大科技项目攻关，加快应用研究和成果的转化。开展了"建设低碳交通运输体系研究"等交通运输部重大科研课题，推进"公路甩挂运输关键技术与示范"交通运输部部重大科技专项，实施了云南昆龙高速运营节能科技示范工程等节能减排示范工程。

（二）示范工程

交通运输开展了一批低碳产业化示范工程，包括：公路绿色低碳化建设和养护的关键技术示范工程、绿色低碳公路运营示范工程、绿色低碳运输组织体系示范工程、绿色低碳港航体系技术示范工程和绿色低碳城市交通技术体系示范工程，具体有高速公路沥青路面原级冷再生技术创新及产业化示范工程、建筑垃圾筑路技术创新及产业化示范工程、橡胶沥青低碳化技术创新及产业化示范工程、公路工程施工弃渣高效综合利用技术创新及产业化示范工程、低碳沥青混合料施工技术创新及产业化示范工程、高速公路绿色低碳运营技术创新及产业化示范工程、水公铁多式联运技术创新及示范应用工程、港口运营节能及清洁能源使用技术创新及产业化示范工程、内河船舶"油改气"及配套水上 LNG 加注站关键技术产业化示范工程、港口自动化码头技术创新及产业化示范工程、原油码头油气回收系统技术创新及产业化示范工程、基于飞轮储能的港口起重机能量循环利用技术创新及产业化示范工程、综合交通枢纽低碳运营及高效换乘技术创新及产业化示范工程。

此外，积极开展试点示范，节能减排工作局面务实推进。一是开展了交通运输体系建设试点城市工作。先后确定了 26 个城市参加试点，按计划推进试点项目实施，并组织开展经验总结交流，积累了建设城市绿色循环低碳交通运输城市的初步经验；二是开展了绿色低碳交通运输区域性和主题性试点工作。2013 年选定重庆、厦门等10 个城市作为区域性试点，选定天津港、青岛港等 4 个港口，广东广中江高速公路、云南麻昭高速公路等 6 条公路作为主题性试点，逐步形成了一套绿色低碳交通运输区域性和主题性试点管理模式；三是交通运输部先后推出了 5 批共 100 个部级节能减排示范项目，并将示范项目经验材料在行业进行广泛宣传推广；四是开展了"车、船、路、港"千家企业低碳交通运输专项行动，从 2010 年 5 月开始，共有 1126 家交通运输企业报名参加专项行动；3 年来，专项行动在增强企业节能减排意识，提高企业节能减排水平，发挥先进企业示范效应等方面起到了重要作用，企业在节能减排工作中的主体地位得到强化；五是开展重点企业能耗统计监测试点工作，4 个省交通运输主管部门、27 家道路运输企业、14 家水运企业和 42 家港口企业开展了交通运输能耗统计监测试点工作，初步建立了部级公路水路交通运输能耗统计监测网络和分析系统，获取了典型公路、水路运输和港口企业能源消耗数据。六是各地积极探索绿色低碳试点示范新机制，湖北省厅与省发改委共同确定了 3 家低碳交通运输基地和 10 家低碳交通运输示范企业；江苏省在部甩挂运输试点基础上，引导无锡、南京、苏州、南通等地的 4 家物流企业率先组建了甩挂运输实体联盟；山东、广东等省遴选公布了全省交通运输节能减排示范项目。这些试点示范工作的开展，起到了以点带面、"四两拨千斤"的作用，调动了各级交通运输主管部门和企业推动节能减排工作的积极性，发挥了很好的引领示范作用。

未来中长期，交通运输部将继续推进试点示范，发挥典型引领作用。一是深化绿色循环低碳交通运输"十百千"示范工程。研究提出绿色循环低碳十个示范省和百个示范市推进方案，组织开展创建活动，继续推进绿色循环低碳示范项目评选，公布一批示范项目。二是继续推进公路甩挂运输试点。做好首批试点项目的总结推广，启动第四批甩挂运输试点，推广创新经营模式。三是继续推进水运行业应用液化天然气试点示范。落实《推进水运行业应用液化天然气的指导意见》，力争发布《水运行业应用液化天然气试点示范工作实施方案》。四是开展公交都市示范城市创建。落实公交优先发展战略，支持推进公共交通与其他交通方式之间的无缝衔接。五是组织开展科技及产业化示范工程，2014 年深入推进"基于物联网的城市智能交通应用示范"、"长三角航道网及京杭运河水系智能航运信息服务应用示范"两个国家物联网应用示范工程，加强连云港绿色智能港口建设与运营、长白山鹤大高速公路资源节约循环利用等科技示范工程的组织实施。

此外，抓好绿色循环低碳交通运输体系还是一个新生事物，还需要继续深化试点示范。要进一步完善试点示范的主题和推进方法，不断探索绿色循环低碳交通运输体系建设的新途径。一是深入开展绿色循环低碳试点工作。继续组织做好两批 26 个城市低碳交通运输体系建设试点中期评估、监督指导、总结验收等工作。组织开展低碳交通省区、城市区域性试点，以及低碳港口、低碳公路、低碳航道等主题性试点，扩大试点范围。配合财政部做好财政政策综合性示范、国家发改委两批低碳省区低碳城市试点、住建部绿色低碳示范小城镇，以及科技部"十城千辆"、"十城万盏"示范活动等，主动加强政策衔接与配套。二是着力打造绿色循环低碳示范工程。组织打造国家和省级绿色循环低碳公路、绿色循环低碳枢纽、绿色循环低碳客运站、绿色循环低碳货运站、绿色循环低碳港口、绿色循环低碳航道等一批绿色循环低碳交通示范工程。实施绿色循环低碳交通示范区域"十百千工程"，打造 10 个绿色循环低碳交通示范省区、100 个绿色循环低碳交通示范城市、1000 个绿色循环低碳交通示范项目。三是加强推广示范成果和先进经验。加快推广部已授牌的节能减排示范项目的先进经验与成果，并择机组织启动新一轮示范项目的推选工作，放大示范带动效应。总结各地方交通运输主管部门、各企业试点示范工作的优秀成果与经验，编制指导手册和推广文件，组织交流活动，进行广泛推广。

附录五 "十三五"时期工业节能若干重点推广技术

"十三五"时期，我国的节能产业发展仍将以工业领域、建筑领域及交通领域为重点。截至目前，工业部门能源消耗量占全社会能源消耗总量的比例仍然高达 70%，因此工业节能仍将是我国"十三五"时期节能产业发展的重点，而推广应用先进适用技术又是实现工业节能目标任务的主要途径。依据技术发展现状，本附录梳理了"十三五"时期有望在钢铁、有色金属、建材等重点耗能行业推广应用的节能技术。

一、新型阴极结构电解槽高效节能铝电解技术

铝是最重要的有色金属，也是国民经济发展的重要基础性材料。我国是世界第一产铝大国，降低电解铝电能消耗对提高我国铝电解工业的竞争力具有重要意义。2007 年，中国铝业股份有限公司、东北大学等启动铝电解重大节能技术进行系统研究，成功开发出新型阴极结构铝电解槽成套技术。

2009 年，湖南晟通科技集团创元铝业和东北大学共同承担的国家 863 计划重点项目"新型阴极结构高效节能铝电解技术与装备开发"正式启动，项目针对我国具有代表性的 240kA 新型阴极结构高效节能铝电解槽，通过阴极结构优化设计、电解槽内衬优化及物理场所模拟等研究，开发了新型阴极结构电解槽低槽电压、低效应系数的控制技术、初晶温度测量方法与装置及铝液面稳定性监测装置等。2012 年 5 月，该项目通过验收，在湖南晟通科技集团创元铝业 6 台 240kA 电解槽上开展的工业试验实践表明，该项研究成果应用后，年节电 481 万 kW·h，直接经济效益 240 万元。

新型阴极结构电解槽技术是我国铝电解发展史上的一次重大技术创新，该技术的推广应用将使我国铝电解工业生产技术和电耗位居世界先进水平。新型阴极结构电解槽技术已在全国 30 多家大型铝电解厂进行了大规模产业化应用，总计产能规模约达 416 万 t/年。世界著名的海德鲁铝业公司也在其所属的多家铝电解厂进行了工业应用。通过应用新型阴极结构的电解槽技术，平均吨铝电耗降低 900~1100kW·h，实现年节电约 41 亿 kW·h，减排当量 CO_2 达 390 余万吨，年创经济效益 20 亿元，经济社会效益十分显著。

新型阴极结构电解槽技术已被列入有色金属行业节能减排先进适用技术目录（第一批），预计"十二五"推广比例可达 30%；在"十三五"时期，仍具有较大的推广潜力。

二、低温余热资源梯级利用技术

低温余热资源广泛存在我国工业行业生产环节中，2012 年，国家发改委能源研究所在 7 个工业行业开展余热资源调查分析，包括钢铁、水泥、玻璃、合成氨、纯碱、电石、硫酸，结果显示，54%的余热资源为 400℃的中低温余热资源，其中大部分为 200℃及以下的低品质余热资源，"十二五"期间，可开发利用的余热资源中有 50%属于低温余热资源，可见，低温余热资源具有巨大的发展潜力。但当前技术中固有的材料性能、换热器性能等障碍，在一定程度上阻碍了它的进一步发展。

目前，我国在低温余热利用方面的技术主要包括，热泵技术（工业冷却水热泵技术、工业污水热泵技术、空气源热泵技术）、蒸汽梯级利用技术（螺杆膨胀机发电技术、汽轮机发电技术、拖动技术等）、余热制冷技术（蒸汽溴化锂制冷、低温余热制冷技术）、低温发电技术（有机郎肯、卡琳娜、半导体发电、闪蒸发电、太阳能光热技术），这些技术中有些已经开始工业化应用，有些还处于研发阶段，有些仍有关键技术亟待突破。

低温余热利用应遵循的基本原则是优先选择长周期的同级利用（如作工艺装置热源、热水、采暖），然后再考虑梯级利用。根据热力学第二定律，低品位余热资源梯级利用应根据余热的数量、品质（温度）和用户需求，按照能级匹配的原则进行回收利用，即逐级回收、温度对口、梯级利用（附图 5-1）。

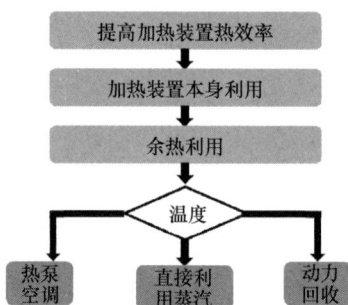

附图 5-1 低温余热资源梯级利用示意图

目前，低温余热梯级利用技术在钢铁工业开展得较好，如钢铁行业的宝钢集团、重钢集团等。以重钢集团环保搬迁工程低温余热发电项目为例，在烧结过程中，烧结机机尾烟气温度达 300～400℃，冷却机废气温度在 100～400℃变化，其中高温部分温度在 300～450℃，这部分废气占整个废气量的 30%～40%。在保证烧结质量的前提下，依据余热的分级回收和梯级利用原则，采用高效换热余热锅炉，并采用低参数抽汽补汽凝汽式汽轮机新技术，通过机组变压运行，实现能量阶梯利用，在同样的余热条件下最大化地回收余热并多发电，从而大幅提高余热回收和发电站的经济性。

低温余热技术不仅在工业行业应用，在其他领域的应用也得到了创新性突破。2014 年 4 月，赤峰市"低品位工业余热应用于城市集中供热技术"项目进行了科技成果鉴定。该项目是由赤峰和然节能技术服务有限责任公司联合清华大学建筑学院共同开发的针对工业企业生产过程产生的余热进行二次回收再利用技术。该技术打破了常规的供热理念和系统形式，建立了多品位余热取热流程优化方法和工具，通过优化供热末端，采用小型吸收式换热技术等手段，实现了工业余热的温度对口和梯级利用，为城市大规模集中供热提供合理有效热源。工业余热应用到城市供热，不仅能够大大地减少工业能源浪费和污染排放，同时能够解决居民供热热源紧张的问题，应尽快将本成果纳入国家和地区城市发展规划和集中供热专项规划，并在严寒和寒冷地区、具备条件的地区进行大规模推广应用。

能源梯级利用体现了能源利用效率的最大化。低温余热资源利用虽然在工业行业逐渐引起重视，但低温余热应用于城市集中供热技术给我们提出了一种新的理念，因此，未来在考虑行业内消化低温热的同时，也要注重余热利用的范围拓展。

三、烧结机节能减排及防漏技术

烧结机节能减排有两大主要途径，即设备大型化和应用先进适用技术。

大型烧结机具有烧结矿质量好、能耗低、劳动生产率和自动化水平高等诸多优势，是国内外烧结技术的主流发展方向。研发应用满足大型烧结机的综合操作技术，实现烧结工艺流程集约化，生产运行稳定，取得先进的技术指标，是建设大型烧结机的前提条件。

推广应用先进适用节能技术高效利用烧结余热是烧结机节能减排的主要途径，主要可分为两类技术：一类是烧结矿余热竖罐式回收发电工艺；另一类是烧结过程余热资源高效回收与利用技术。

烧结矿余热竖罐式回收发电工艺是对烧结矿余热回收利用方式的一次革新，它借鉴了干熄焦的原理，有效解决了传统冷却机存在的漏风率高、余热部分回收等先天不足，具有很好的应用前景。该技术具有冷却设备漏风率较低、有利于提高冷却物料品质及余热回收效果显著等特点。目前该技术尚无工业化应用，有待于学术界和工程界加快研发。

烧结过程余热资源高效回收与利用技术是由东北大学主导开发的烧结机节能技术，已入围《国家重点节能技术推广目录（第一批）》。该技术通过调节冷却机的冷却风量和料层厚度、降低烧结和冷却系统漏风率等措施实现烧结矿产品显热和烧结烟气显热的高效回收，然后梯级利用回收得到的余热：温度较高的冷却废气（与热烧结矿进行热量交换后的冷却空气）和烧结烟气通入余热锅炉，再将余热锅炉产生的蒸汽通入汽机发电机组发电；温度居中或较低的余热直接热回收用于点火助燃、热风烧结和烧结混合料干燥等环节。该技术包括烧结矿"取热"技术、烧结烟气显热利用技术、烧结系统漏风控制技术、冷却系统漏风控制技术及余热锅炉等关键技术及装备。

烧结过程余热资源分级回收与梯级利用技术集成了多种余热回收利用先进技术，实现了余热回收端与利用端"量"与"质"的匹配，最大限度地回收烧结余热。该技术在国家 863 计划和国家发改委科技重大专项资助下，以鞍山钢铁集团有限公司某大型烧结机余热利用技改工程项目为依托，将本技术逐步实施，建立一条节能减排烧结示范生产线，使其余热回收与利用水平达到国内领先水平，其中，吨矿发电量 20kW·h 以上，工序能耗降低 5kgce 以上，废气减排 20%。该技术具有很好的示范意义，应积极在中国钢铁企业大力推广。

烧结系统漏风治理技术是烧结机节能的主要支撑技术。从目前情况看，国内大部分烧结机的漏风率在 50% 以上，有的甚至高达 70%。宝钢集团等国内先进烧结机漏风率也在 45% 左右，而日本等国外几个厂家烧结机最低漏风率可达 30% 以下。

国内对烧结机漏风治理技术的研究，主要进行小型烧结机的离线研究较多，真正在大型烧结机上进行漏风治理的研究相对较少。某些在中小型烧结机上应用较好的漏风治理技术，在大型烧结机上应用是否合适仍需要论证。

国内大型烧结机扩容目前有如下 2 个典型范例。

第一，2004 年宝钢集团对烧结机进行了加宽栏板改造，将 $450m^2$ 烧结机扩容为 $495m^2$。此次改造是在原有设备上进行的，改造施工仅用了 17 天，一次投产成功，运行良好，提产幅度甚至达到 14.6%，超过预期目标。

第二，首钢建设的曹妃甸烧结机，在设计时就将栏板加宽到5.5m，使原设计烧结面积从500m^{2}提高到550m^2。加宽的距离能够确保边缘风把加宽部分料烧透（间接改善了边缘效应），不会有生料产生。通过加宽技术，烧结面积增加10%，烧结产量增加5%～12%，吨矿耗风量降低5%～10%。

四、烟气除尘和余热回收一体化技术（如烧结、转炉、电炉等）

钢铁企业中存在大量的中低温烟气，目前无论从设计、运行和管理来看，余热利用和烟气除尘技术都是分开独立的，归属不同的部门管理。随着环保和节能要求日益趋严，在除尘时考虑余热回收的高效化、在余热回收时考虑除尘的技术需求越来越受到企业重视，因此烟气除尘和余热回收一体化技术必将成为未来钢铁企业烧结、转炉及电炉等工序节能减排技术的发展趋势。

除尘及余热回收系统一体化技术主要解决的问题是改变了以往除尘系统设计过程中单纯以除尘为目的的做法，将除尘和余热回收结合为一体，不仅具有显著的节能减排效益，也为钢铁企业发展循环经济提供了示范。

转炉一次烟气高温除尘与能源回收新技术由宝钢工程技术集团有限公司开发并通过中试试验，取得了较好的效果。该技术旨在提高转炉一次烟气除尘效率，消除OG（湿法除尘）和LT（干法除尘）除尘系统的缺陷，同时对来自转炉汽化冷却烟道出口的次高温烟气余热进行再回收利用，为高温烟气领域和炼钢工序的负能耗生产提供更优的经济、环保和社会效益。此项技术既可用于新建项目，又可用于改造项目。

电炉除尘及余热回收系统由莱钢特钢厂开发并成功应用，给企业带来了巨大的经济和社会效益，同时也为电炉除尘的发展指明了一条新的方向。莱钢特钢厂于2006年年底开始建设除尘及余热回收系统，通过在建设和试运行中不断地调整和改进，最终达到了非常满意的效果。该厂现有50t电炉、LF炉及VD炉各一座，原有一套外排式除尘系统负责电炉及LF炉除尘，设计风量80万m^3/h。该除尘系统自2003年后出现除尘能力不足的现象，电炉生产对车间及厂区周围环境污染相当严重。新的除尘及余热系统建成后，污染严重现象彻底解决，岗位粉尘浓度及排放浓度均符合要求。此外，该系统平均每小时能生产1.2MPa的蒸汽18t，除满足蒸汽射流泵及生活用气外还有一定的富余量，该厂正考虑利用这部分剩余制冷，最大限度地发挥余热回收系统的经济效益。

目前，烟气除尘和余热回收一体化技术尚未大规模工业化应用。随着我国节能减排的形势日益严峻，拥有显著经济效益和社会效益的烟气除尘和余热回收一体化技术，有望在高温烟气节能减排领域得到应用和推广。

五、氧气底吹熔炼-底吹熔融电热还原炼铅技术

我国是铅冶炼大国，2013 年铅冶炼产量 440 余万吨，占全球比例超过 40%。然而，很长时间以来，国内几乎所有的现代强化冶炼技术都依靠国外引进，技术自主创新能力较差。为扭转这一局面，以中国恩菲工程技术有限公司为代表的中国企业经过多年的持续努力，成功开发出氧气底吹炼铅技术，已经被国家指定为首选炼铅工艺。目前，经过工业化示范产能升级，该技术已经趋于成熟，并形成氧气底吹熔炼-鼓风炉还原法、氧气底吹熔炼-熔融侧吹还原法及氧气底吹熔炼-底吹熔融电热还原法底吹炼铅技术等核心技术，单系列产能达到 18 万～20 万 t/年，28 万～30 万 t/年装置现处于研发阶段。该技术已在印度德里巴 10 万 t/年铅冶炼项目及中国 40 余个大规模冶炼厂在内的冶炼项目中得到成功应用，能显著降低能耗和焦炭使用量，能大幅提高二氧化硫烟气和粉尘的回收率，彻底解决了长期困扰铅冶炼生产所带来的环保问题，使我国铅冶炼技术一举迈入国际先进水平。

氧气底吹熔炼-底吹熔融电热还原炼铅技术于 2009 年通过了专家论证，主要创新点包括：采用电热方式提高炉温，减少底吹还原剂量，从而降低烟气量和烟尘率；把适量的还原剂直接送入电极区域，强化渣的还原[1]；在还原过程中数字化调节控制还原炉不同部位的还原剂喷入量，以达到最佳还原效果；炉顶加入溶剂，调整渣型；炉顶加入固体还原剂，强化还原。

2011 年 5 月，国家发改委批复同意安阳市岷山有色金属有限责任公司氧气底吹熔炼-底吹熔融电热还原炼铅项目列入低碳技术创新及产业化示范工程。2014 年 4 月，氧气底吹熔炼-底吹熔融电热还原炼铅技术创新及产业化示范工程项目通过验收。该项目对液态渣底吹天然气和焦炭还原等技术进行了优化研究，并对底吹电热还原炉进行了试验开发，配套建设余热锅炉、DCS 控制系统、粉煤制备、粉煤喷吹、收尘系统和环保治理系统，粗铅综合能耗降至 211.71kgce/t 铅，粗铅回收率达到98.56%，渣含铅<2.5%，烟尘率降至 5%以下。示范项目实现了炼铅短流程、低碳、生产清洁连续和节能降耗的目标。该项目建成的 10.3 万 t/年粗铅冶炼生产线较氧气

---

[1] 根据 M.P. 鲁萨科夫的研究，由于电极区域温度最高，渣黏度最小，特别有利于渣的深度还原，且还原反应生成的铅金属粒子能有效沉降、聚集，有利于铅渣分离，从而有效降低渣含铅。

底吹熔炼-鼓风炉还原炼铅工艺每年可节约 1.7 万 tce，减少 4.2 万 t 二氧化碳排放。

实践证明，氧气底吹熔炼-底吹熔融电热还原炼铅技术具有对原料适应性强、能耗低、有价元素回收率高、作业率高、操作控制简单、自动化水平高、单机处理能力大、投资省及排放低等特点，是适应我国铅冶炼工业发展要求的先进节能技术，在我国具有广阔的推广潜力。

六、氧气底吹连续吹炼炼铜技术

我国的铜消费量位居全球首位，也是铜加工工业大国，因此，我国铜冶炼技术的发展受到了社会各界的高度关注。当前世界炼铜工艺中，吹炼工段 80%以上采用已有百年历史的 PS 转炉，存在液态铜锍倒运二氧化硫低空污染难以治理、间断作业、炉衬寿命短、送风时率低、耐火材料单耗高、烟气二氧化硫波动大、时断时续不利于制酸等严重缺点。

2009 年，国家 863 计划课题"氧气底吹连续炼铜清洁生产工艺关键技术及装备研究"正式立项，由中国恩菲工程技术有限公司组织实施。2012 年年初，中国恩菲工程技术有限公司与河南豫光金铅集团有限责任公司、东营方圆有色金属有限公司及中南大学携手组成"产学研"联合开发团队，在豫光金铅进行氧气底吹连续炼铜技术的半工业化试验，当年 5 月，冷铜锍底吹连续吹炼半工业试验取得圆满成功。2014 年 3 月，世界首条氧气底吹连续炼铜工业化示范生产线在东营方圆有色金属有限公司全线拉通，产出第一批合格的阳极板，由此宣告氧气底吹连续炼铜技术迈出了产业化推广应用的第一步。

实践证明，氧气底吹连续吹炼炼铜技术能够产出 70%～75%的高品位铜锍，也可将高品位铜锍风碎（或水碎）后以冷态方式加入氧气底吹连续吹炼炉，富氧空气从氧枪连续鼓入，脱除铜锍中的硫，使铜锍中的铁氧化造渣，炉内熔体形成粗铜层、铜锍层和渣层，打眼放粗铜，溢流放渣。该项技术的成功应用，打破了我国铜冶炼长期依靠引进国外铜冶炼技术的局面。

氧气底吹连续吹炼炼铜工艺流程见附图 5-2。

与传统 PS 转炉吹炼技术相比，氧气底吹连续吹炼炼铜技术具有投资省、金属回收率高、产品成本低、资源综合利用水平高、综合能耗低、作业环境优良等优点，是铜冶炼行业的重点开发技术，也是符合我国工业发展要求的先进节能技术，未来具有广阔的推广潜力。

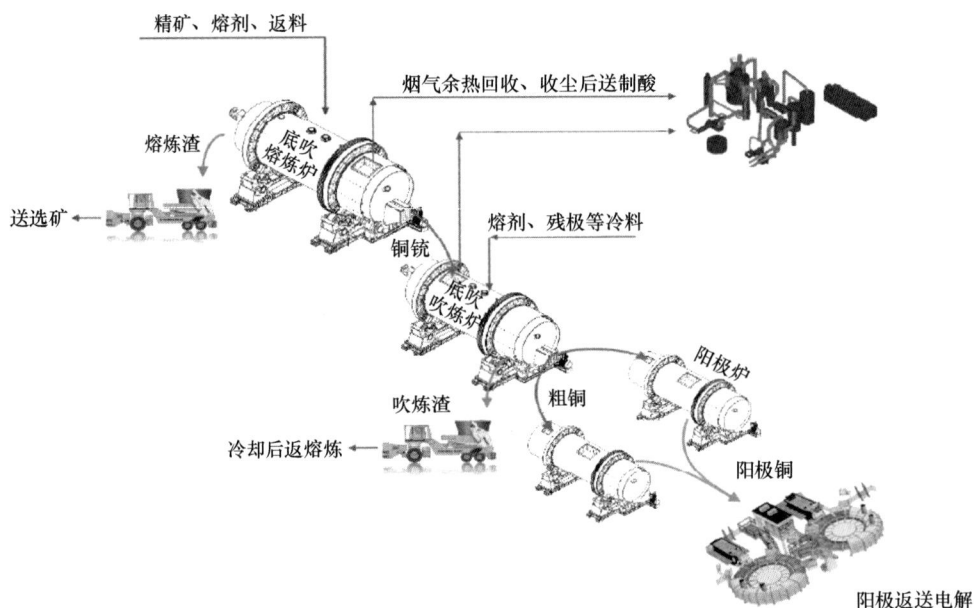

附图 5-2　氧气底吹连续吹炼炼铜工艺流程图

七、新型高温炉渣余热回收技术

2013 年，我国生铁产量 7.79 亿 t，按平均每吨生铁产生 0.3t 渣来计算，高炉渣产量为 2.34 亿 t，其显热折合标准煤 1404 万 t[①]。但我国冶金炉渣余热回收率低于 2%，除极少数钢铁厂利用冲渣水余热外，其他基本处于浪费状态，主要原因在于缺少相应的回收技术。

高温炉渣余热回收的工艺主要有湿法工艺和干法工艺两种。湿法处理工艺（也称为水淬工艺）是将高炉渣作为一种材料来加以利用，并没有对其余热量进行充分的利用。干法工艺即依靠高压空气或其他方法实现熔融金属冷却、粒化的工艺。目前，国内冶金企业对于高温炉渣全部采用水淬工艺进行处理，水淬渣处理系统中，水渣比在（8～15）：1，高炉渣带走的热量占高炉总能耗的 16% 左右，经过各种水淬处理工艺回收的仅为炉渣总热量的 10%，其余热量变为水蒸气进入大气，造成资源的极大浪费且耗水问题严重。

---

① 高炉渣的出炉温度在 1400～1500℃，每吨渣含（1260～1880）×10³kJ 的显热，相当于 60kg 标准煤的热值。

　　为了解决炉渣余热回收问题,国外早在20世纪70年代就已开始研究应对炉渣余热回收的新技术,即干式粒化技术。前苏联、英国、瑞典、德国、日本、澳大利亚等国都开展过高温炉渣(包括高炉渣、钢渣等)干式粒化技术的研究。但是由于多种原因,高炉渣中显热的回收目前在国际上仍然处于工业试验性阶段,还没有任何一种干式处理工艺实现了工业应用,但已有的各类技术研究积累了很多相关的理论知识和实践经验。

　　在国内,东北大学、青岛理工大学、钢铁研究院对离心粒化法进行了理论和实验研究工作,但是实验所用炉渣流量较小,与生产实际中熔渣流量差距较大,而且未对粒化后渣粒的热量回收工作进行研究。

　　2011年6月,中国航天科技集团六院十一所(简称"十一所")与金川集团有限公司签订高温炉渣余热回收工艺研究课题,2013年,十一所成功开发出一种新型高温炉渣余热回收技术——离心空气粒化结合两级流化床余热回收工艺,该工艺能够高效环保地进行炉渣的余热回收,代表了国际上最为先进的高温炉渣余热吸收工艺。该余热回收系统工艺流程为第一步采用离心粒化技术将液态的熔渣粒化成大小均匀且粒径为3mm左右的颗粒,根据实际生产中熔渣的流量通过调整粒化装置的关键参数,得到所需粒度范围的高附加值渣粒;第二步粒化后的颗粒与来自流化床的冷空气直接接触进行换热,在处理过程中颗粒与空气接触面积较大,热交换较为充分,可使得热量回收率大大提高,热空气将炉渣释放出的热量带走,出口温度可达600~700℃,带到余热锅炉中产出蒸汽加以利用。考虑系统的热空气中可能存在酸性气,在系统运行过程中酸性气的浓度需要进行实时测量,如果酸性气浓度不超标则进行循环使用,当酸性气浓度达到处理浓度时转入酸性气脱除装置,保证系统运行过程中的环保性。

八、干法制粉工艺技术

　　墙地砖生产是陶瓷产业耗能、耗水大户,目前普遍采用的湿法球磨、喷雾造粒工艺消耗了大量的能源和水资源。在国家日益严格的节能减排政策约束下,干法制粉逐渐走入陶瓷企业的视野,引起了越来越多业内人士的重视。

　　从国内外干法制粉技术的发展历程来看,国外早在20世纪70年代就开展了干法制粉生产技术研究工作,比较有代表性的公司有意大利L.B公司、M.S公司、GMV公司,德国的爱利许(Eirich)公司,英国的阿垂特(Atotor)公司。我国陶瓷生产企业对外来技术、产品的模仿、吸收、改进速度很快,但是由于缺乏自主创新能力,干法制粉的先进技术、工艺仍落后于国外。

与传统湿法制粉工艺相比，干法制粉生产工艺相对简单。除此之外，干法制粉工艺最大的优势在于节能减排和节省成本方面。相比之下，干法制粉工艺生产效率高，整个粉料的生产过程可以做到全过程封闭自动化系统，只用电，不用任何燃料，能做到零废气、零粉尘、零污水排放，同时还能省掉大量的劳动力成本，如附表 5-1 所示。

附表 5-1　干、湿法制粉工艺原料制备成本对照

原材料成本	干法工艺	湿法工艺
煤/（kg/t）	0	60～100
电/（kW·h/t）	40～60	60～80
水/（kg/t）	9～12	35～40
占用场地/m²	300～500	1500～2000

注：以日产 300t 粉料计算，干法制粉工艺全年综合节约成本大于 750 万，节水大于 3 万 t

干法制粉工艺作为陶瓷生产环节中绿色生产的典范，长期以来在国内没有获得大规模推广，除了过去企业环保意识薄弱、国内环保问题相对不够突出之外，还在于国内该技术不够成熟，干法制粉是一个系统工程，需要配套设备，包括压机、窑炉等都要相应的调整。

我国山东义科节能科技有限公司在干法制粉研究方面走在了前列，研制了力士磨机、干法增湿造粒、混合造粒优化一体机、窑炉烟气余热干燥等关键陶瓷干法制粉工艺及装备，2013 年 10 月，在山东淄博召开了科技成果鉴定会。与会专家认为"陶瓷干法制粉工艺及装备"实现了传统湿法制粉到干法制粉新工艺的升级和改造，达到"国际先进水平"。

2014 年 8 月，国内首条干法制粉生产线在淄博金卡陶瓷有限公司成功投产，标志着国内干法制粉工艺走向成熟。2014 年 10 月，"陶瓷干法制粉工艺及其装备"列入《淄博市重点节能技术、产品和设备推荐导向目录（第六批）》。

陶瓷墙地砖干法制粉工艺技术，有技术先进、投资少、节能、环保显著等优点，是陶瓷墙地砖工业一项重大技术突破与创新。就目前国内的干法制粉技术来说，制造抛光砖还需要进行技术升级，预计 3 年左右可以实现在抛光砖生产线上的使用。陶瓷生产系统节能潜力最大的是在原料制备方面，干法制粉彻底颠覆了目前粉料制备的工艺，将是陶瓷墙地砖生产工艺未来的发展方向。

附录六 "十三五"时期环保产业若干重点推广技术

一、燃煤电厂超低排放技术

超低排放或超清洁排放，是指燃煤机组在完成改造之后的烟气排放达到天然气机组标准，即二氧化硫不超过 $35mg/m^3$、氮氧化物不超过 $50mg/m^3$、烟尘不超过 $5mg/m^3$。

目前主流的超低排放技术路线如附图 6-1 所示，与传统的火电烟气流程相比，在保证煤质的条件下，强化了湿法脱硫（双塔及增加喷淋强度）和 SCR 效率，提高了脱硫脱硝效率；此外，显著的特点是增加了低低温电除尘和尾部增加了湿式电除尘（湿电），从而实现很低的排放浓度。

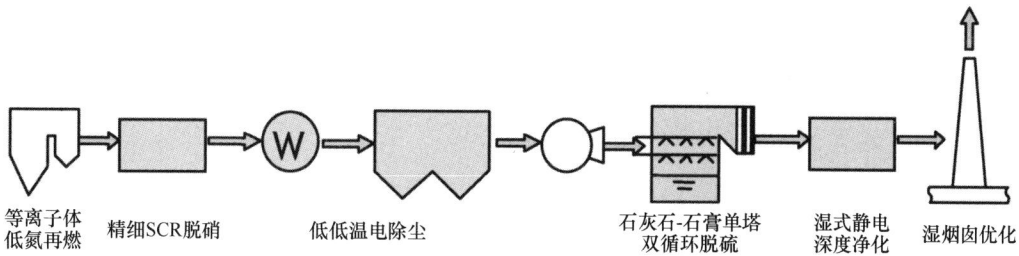

附图 6-1 超低排放技术路线图

燃煤电厂大气污染物"超低排放"是否科学在其诞生时曾经饱受争议。争议的焦点在于投入的性价比。如果仅仅从经济方面考虑，超低排放无利可图，也无法大面积推广。但是，在我国建设生态文明的进程中，考虑到我国东部地区单位面积上远远高于发达国家的人口数量、能源消耗强度和污染物排放强度，区域污染物排放总量已经远远超过当地环境容量，通过政策鼓励企业在达标排放基础上进一步削减污染物排放是有其积极意义的。

2014 年 9 月 12 日，国家发改委、环保部和国家能源局三部委下发了《煤电节能减排升级与改造行动计划（2014-2020 年）》的通知，目标是：全国新建燃煤发电机组平均供电煤耗低于 300g 标准煤（kW·h）[以下简称"g/（kW·h）"]；东部地区新建燃煤发电机组大气污染物排放浓度基本达到燃气轮机组排放限值，中部地区新建机组原则上接近或达到燃气轮机组排放限值，鼓励西部地区新建机组接近或达到燃气轮机组排放限值。到 2020 年，现役燃煤发电机组改造后平均供电煤耗低于 310g/（kW·h），其中现役 60 万 kW 及以上机组（除空冷机组外）改造后平均供电煤耗低于 300g/（kW·h）。东部地区现役 30 万 kW 及以上公用燃煤发电机组、10 万 kW 及以上自备燃煤发电机组及其他有条件的燃煤发电机组，改造后大气污染物排放浓度基本达到燃气轮机组排放限值。

但是，在推广燃煤电厂超低排放技术时，要注意避免不顾当地经济和环境状况盲目冒进，并要防止借推广超低排放技术由头而大上燃煤电厂项目。

二、非电行业烟气脱硫脱硝技术

与电力行业不同，非电行业烟气脱硫脱硝由于法规标准、使用环境、资金投入力度的不同，技术发展相对滞后，推广应用进度也落后于电力行业，是我国未来二氧化硫和氮氧化物减排的主要空间所在。目前，非电行业烟气脱硫脱硝主要有钢铁烧结机脱硫、水泥窑脱硝和工业锅炉脱硫脱硝 3 个领域。

由于钢铁行业烧结过程的特殊工况，脱硫技术的成熟程度无法和规范化的火电脱硫相比，现役烧结烟气脱硫技术种类多而杂，常规的有石灰石-石膏法、氨法、镁法、双碱法、循环流化床法、SDA 旋转喷雾干燥法，目前应用最为广泛的是石灰石-石膏湿法，但仅占脱硫市场的一半。

我国现有水泥企业 5000 家，水泥生产线约 1700 条。水泥生产是典型的高耗能、高污染行业，落后产能和环保不达标生产线逐步淘汰。截至 2014 年，水泥生产线安装脱硝设施的比例约为 60%，主要采用的是低氮燃烧+SNCR（选择性非催化还原）技术，综合脱硝效率约为 60%。水泥行业脱硝任务压力较大。随着环境保护工作由污染物控制向质量控制转变，不排除"十三五"期间部分地区出于大气环境质量控制的要求，出台对于水泥行业的更严格要求，从而导致水泥脱硝技术从较低脱除效率的 SNCR 向更高脱除效率的 SCR 演变。

我国是当今世界生产和使用锅炉最多的国家。截至 2013 年年底，全国工业锅炉总数约 62 万台，其中 85%以上为各类燃煤锅，排放 SO_2 达 900 万 m^3/年。35t 以上工业锅炉具备进行节能和清洁化改造的潜力。其中，脱硫脱硝是关键，尤其脱硝是技术难点。"十三五"期间，工业锅炉烟气治理市场将快速发展。

三、危险废物处理处置技术

危险废物处理处置技术可分为焚烧处理、等离子体处理和安全填埋三大类。其中回转窑焚烧和等离子体处理技术将是未来推广的重点。

回转窑焚烧炉，该技术成熟，操作方便灵活，并配备有进料系统、焚烧系统、热回收及急冷系统、脱酸系统、活性炭喷入脱除二噁英、布袋除尘和除灰除渣系统。回转窑焚烧炉在国内已经具有多年的生产历史，具有成熟的制造技术和经验。

针对难处理的危险废物和垃圾焚烧飞灰及危险废物焚烧的残渣的废物，开展等离子体高温处理技术的研究，研制和开发出等离子体火炬和等离子体弧等关键设备，开发和研制优质的清洁能源回收利用系统，回收氢气和一氧化碳。利用等离子体气化技术可以有效地分解各类有机污染物，回收清洁能源。此外等离子体弧或火炬的高温可以彻底摧毁各类危险废物，最终产物形成玻璃体作为建材。

四、燃油机动车排放控制技术

柴油车主要排放控制技术包括：排气后处理技术［DPF（颗粒捕捉器）、SCR（选择性催化还原）技术、POC（部分流式颗粒氧化型催化器）］、电控高压喷射（共轨、泵喷嘴、单体泵等）技术、发动机综合管理系统、发动机本身结构优化设计技术、可变增压中冷技术、EGR（废气再循环）技术等。

重型柴油车从国III标准到国IV标准主要有两条技术路线，分别是SCR技术路线和EGR+DPF技术路线。SCR技术路线主要通过提高喷油压力、优化喷射定时、改善燃烧过程来降低发动机机内颗粒物排放，而此过程产生的较高 NO_x 排放则采用选SCR还原成 N_2 和 O_2。目前，SCR系统用催化剂形式主要可以分为涂覆式和挤压式两种。EGR+DPF技术路线通过EGR将 NO_x 排放降低到标准要求以下，此过程产生的较高颗粒物排放则通过DPF将其降低到满足标准的要求。为避免DPF装置堵塞，需采用再生策略，而EGR+DPF系统就涉及有DPF再生技术。

轻型柴油车国IV排放标准的技术路线方面：燃油喷射系统的主流技术路线是高压共轨技术，小部分企业也采用电控单体泵技术和电控分配泵技术。后处理系统的技术路线主要采用 EGR+DOC、EGR+DOC+POC 和 EGR+DOC+DOC 三种，其中主流技术路线是 EGR+DOC。轻型柴油车国 V 排放标准的技术路线方面：燃油喷射系统应采用高压共轨技术，后处理系统应采用 EGR+DPF 或者 EGR+DOC+DPF 技术。

汽油车主要排放控制技术包括：电控发动机管理系统及配备三元催化转化器技术等。对于国 IV/V 汽油车排放控制技术应不断优化和提高。主要有：催化剂性能的优化，包括耐硫性能、耐久性能提高，涂层更耐高温，起燃温度更低，贵金属含量少等方面；发动机标定策略的优化，主要包括发动机标定的精细化，对更多不同工况下参数进行数据的采集和优化，并且对 OBD 性能进行优化。

摩托车主要排放控制技术包括：对传统燃油摩托车所采用的发动机进行优化设计、化油器的优化改进、电控化油器、二次进气装置、燃油蒸发排放控制装置、点火系统的优化、电控燃油喷射系统和排气催化转化技术等。

五、工业过程非传统膜分离技术

膜分离是重要的环保技术。煤化工、湿法冶金、火法冶金等工业生产过程，其工况均存在腐蚀性强、温度高、体系复杂等因素。这些行业中膜分离技术的应用所使用的材料的选择，将直接影响生产的稳定性、产品品质、环境状况、生产安全性等。

成都易态科技有限公司（简称 YT）与中南大学粉末冶金国家重点实验室合作，致力于金属间化合物、金属陶瓷材料和特殊合金等多孔过滤材料（膜）的研发和生产，其生产的多孔材料及其多孔膜具有优异的耐酸、碱及盐腐蚀，耐高温氧化、硫化、氯化，耐有机溶剂，易密封，机械加工性能好等特性，特别适用服役于高温或强腐蚀性等苛刻环境，具有传统过滤材料不具备的优势，完全涵盖煤气化、湿法冶金、火法冶金等各种苛刻工况服役的性能要求。

YT-FeAl 金属间化合物多孔材料非对称膜在煤化工高温煤气净化系统中成功应用，保障了高温煤气连续、稳定、高精度过滤净化。

YT-FeAl 金属间化合物多孔材料非对称膜在铁合金行业干法精除尘工艺中成功应用，具有运行稳定、检修概率低、投资费用省、运行费用低等特点。

YT-TiAl 金属间化合物多孔材料非对称膜在湿法炼锌行业锌液连续净化工艺中成功应用，具有节约锌资源、降低能耗、杜绝跑冒滴漏、缩短工艺流程、提升产品品质的优点。

六、城镇生活污水处理厂降耗增效技术

污水处理的目标将从达标排放向节能降耗、低碳运行和资源化的新目标迈进。污水处理厂需要节能和降耗两类技术。在污水处理厂污水提升、鼓风曝气和污泥脱水消耗了约90%的用电量，因此这三大环节是研发节能技术的重点。污水处理厂的降耗是指降低药耗，主要是设法减少用于化学除磷的除磷剂、用于反硝化补充碳源的药剂和用于污泥脱水的絮凝剂。"十一五"期间，在"水专项"和863计划的支持下，已经对污水处理厂的节能降耗技术开展了初步的研究，包括污水管网水量、水质联合调控的前端控制技术，高性能鼓风机-曝气器-控制一体的综合曝气系统，污水输送提升、曝气、污泥回流三元耦合优化控制系统等。通过"十二五"期间的进一步研究和推广应用，将在确保处理出水达标排放的前提下，实现污水处理厂节能降耗的目标。

对部分已建污水处理设施进行升级改造，进一步提高对主要污染物的削减能力。大力改造除磷脱氮功能欠缺、不具备生物处理能力的污水处理厂，重点改造设市城市和发达地区、重点流域，以及重要水源地等敏感水域地区的污水处理厂，重点发展膜技术、脱氮除磷技术、高效节能曝气技术等。优化传统生活污水处理厂工艺配置，提升除磷脱氮能力；以膜生物反应器（MBR）等高新技术升级改造城市生活污水处理厂，加速推广生活污水经深度处理后实现资源利用；因地制宜，示范和推广城市生活污水集中与分散处理相结合的建设模式，以利于实现污水资源化。

大幅度提高再生水水质将是未来污水处理发展的方向之一。全面推行以除磷脱氮为核心的二级强化处理技术，并增加三级（深度）处理工艺，实现污水的再生利用或者达到高等级的排放标准；由对污水单纯净化转变为以污水为原料的再生水制造厂，采用当代高新技术，如高标准除磷脱氮、微滤膜或超滤膜过滤、反渗透、膜生物反应器等，使处理后的再生水达到各种用水途径的水质要求，包括高等级用水的要求。

七、污泥处理处置技术开发和应用

随着城镇污水处理厂的建立，污泥的产量逐年增加，污泥排放空间分布不断扩散，污泥排放带来的日益严重的环境污染，已引起国家相关部门高度重视。污泥处理处置与利用应按照城镇污水处理厂污染物排放标准和泥质标准的有关要求选择适宜的污泥处理处置工艺技术；采用多种技术处理处置污泥，尽可能回收和利用污泥中的能源和资源；鼓励将污泥经厌氧消化产沼气或好氧发酵处理后严格按国家标准进行土壤改良、园林绿化等土地利用，不具备土地利用条件的，可在污泥干化后与水泥厂、燃煤电厂等协同处置或焚烧；作为近期的过渡处理处置方式，可将污泥深度脱水和石灰稳定后进行填埋处置。推广污泥调质高效脱水技术，污泥干化、造粒与焚烧技术，污泥沼气发电技术，污泥除臭灭菌技术和重金属稳定化等技术，提高污泥无害化和资源化水平。

附录七　节能环保产业中长期发展的若干代表技术

技术创新是节能环保产业快速发展的重要推动力，以计算机技术为主要代表的信息化将推动节能环保技术向智能化、自动化方向发展，同时系统集成创新将成为流程工业行业技术创新的重要途径。本附录遴选了几项有望在节能环保产业中长期发展过程中发挥重要作用的代表技术，主要涉及冶金、石化、建材及电力等主要耗能行业。

一、冶金流程工序界面的关键技术

冶金工业是典型多尺度、长过程的流程工业。降低钢铁工业资源和能源消耗通常有如下 4 条途径：一是调整产品或生产结构；二是采用先进的节能工艺和技术；三是高效利用和回收各个工序余能；四是采取有效的管理措施。

流程工序界面技术是一种以系统取代单体设备/单一工序为研究对象，主要解决工序间各种不确定因素和各工序环节之间的柔性调节问题，保证物质流的顺利衔接和合理匹配的技术。通过工序衔接界面行为动力学和界面热力学的研究，可为工序界面节能降耗技术的开发和应用奠定基础，可进一步降低钢铁企业的资源和能源消耗，对钢铁行业节能具有重要意义。

近十几年来，北京钢铁研究总院和北京科技大学在该技术的理论研究和生产实践应用上取得了一定的成果，并先后在实验室、生产现场建立计算机辅助调度模拟系统，提出了一整套生产现场在线运行的计算机自动调度措施。东北大学在一定钢铁流程条件下，分析了物流走向和物流结构与能耗的关系，提出了"基准物流图"和"基准吨钢能耗"的概念，以及物流对能耗影响的 e-p 分析方法。

冶金流程工序界面的关键技术的开发，主要包括两方面的内容。

1. 钢铁制造流程工序衔接界面的物质流动力学理论研究

科学定义工序界面相关概念，研究工序区段的序参量（包括时间、温度和物质流量）、流程中界面各工序功能集的优化子系统协调、演变和发展规律，探讨工序界面模式演化的机制，研究不同工序界面技术的结构功能。引入系统动力学理论和方法，建立工序衔接界面能质流动力学的物理、数学模型。

2. 工序衔接界面的热物理机制和衔接界面动态仿真

从宏观的角度研究钢铁制造流程的相关热力学问题，研究流程中界面技术的节能可行性和节能潜力，利用系统评价的理论和方法，确立界面技术节能潜力的影响因素及其绝对/相对权重，建立钢铁制造流程工序衔接界面节能潜力系统评价模型，分析不同界面技术的节能潜力及其对整个流程的影响。对不同的界面技术进行优选，进而为节能界面技术的开发提供决策依据。以界面能质流动力学的数理模型为基础，结合系统动力学方法，利用数学和计算机仿真技术开发流程的动态调度模型和算法，建立钢铁制造流程的计算机仿真系统，并选择典型的生产流程模拟运行。

二、悬浮床加氢裂化技术

我国稠油的产量逐年增加，其特点是含有大量的重金属（镍、钒、钙等）、高残炭值、高黏度，而且有的稠油（如新疆塔河稠油）硫含量还很高。这些稠油给石油开采、运输和石油加工带来很大困难。

目前国内重油加工技术主要有重油催化裂化、重油固定床加氢裂化和延迟焦化等。重油催化裂化工艺既不适合于高金属渣油加工也不适宜高硫或高残炭油的加工；重油固定床加氢虽然能适应高硫油的加工，但不能适应高金属（金属含量不大于$100\mu g/g$）和高残炭重油的加工；延迟焦化工艺虽然能适应高残炭渣油加工，但是对于高硫和高金属渣油的加工，由于会生成大量气体和劣质焦炭，因此液体收率不高。重油悬浮床加氢裂化技术因其能够加工高金属、高残炭、高硫的渣油，成为原油深度加工技术的必然选择。

悬浮床加氢裂化技术对重油原料性质基本没有限制，液体产品收率高达90%以上，是劣质重油高效转化的核心技术。但是由于该技术工程化难度极大，尚未实现工业化。在全球范围内，中国石油、意大利埃尼公司、美国 UOP 公司、BP 公司、Shaw 公司及 Exxon 等 13 家公司已开发出 14 项具有自主产权的悬浮床加氢裂化技术，其中，意大利埃尼公司的 EST 技术和 BP 公司 VCC 技术最接近产业化。意大利 ENI 公司 EST 技术开发历经 20 余年，走在工业化最前沿（附图 7-1）。

中国石油拥有悬浮床加氢裂化工艺全套技术，包括催化剂研制、催化剂分散、反应器结构、工艺流程等的自主知识产权，但还需要以工业示范项目为基础，加快实现工业化应用（附图 7-2）。

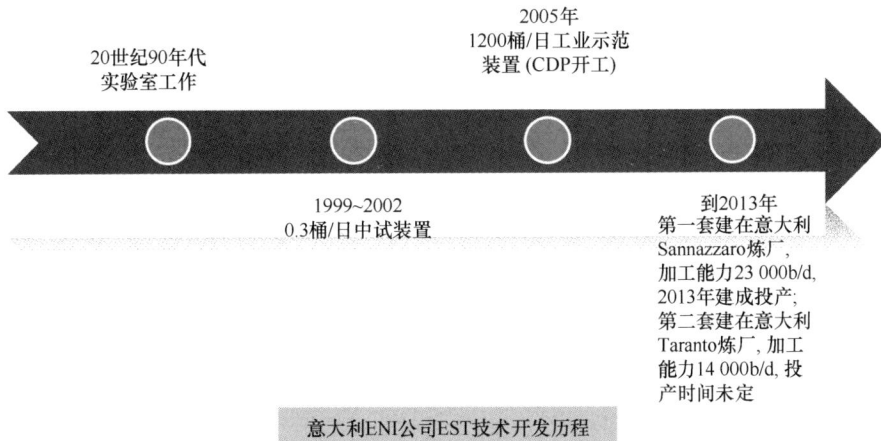

附图 7-1 意大利 ENI 公司 EST 技术开发历程

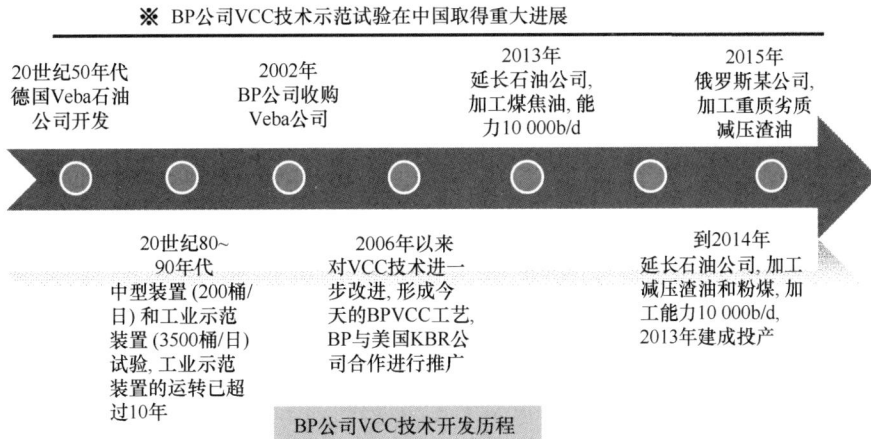

附图 7-2 BP 公司 VCC 技术开发历程

沸腾床加氢裂化技术可处理重金属含量和残炭值较高的劣质原料，兼有裂化和精制功能，但投资较高，运行费用高，技术市场由 Chevron 公司和 Axens 公司垄断，为高油价背景下处理劣质重油赢得了发展空间。沸腾床加氢裂化技术进展主要是提高加工能力，降低装置投资和操作费用，开发新型催化剂（附表 7-1）。

附表 7-1 典型沸腾床加氢裂化技术

技术名称	公司	工业化进程	特点
LC-Fining	Chevron	在建和已建装置 10 套（2181 万 t/年）	有 3 套加工油砂沥青的装置运转多年，另有 2 套在设计中
H-Oil	Axens	在建和已建装置 9 套（1815 万 t/年）	加工墨西哥 Isthmus/Maya 重质原油减压渣油的工业装置 2 套

三、原料标准化技术（陶瓷）

我国是陶瓷生产大国，但并非陶瓷生产强国，其中很重要的原因之一就是受困于陶瓷原料标准化难题。只有实现原料的标准化，才能实现产品的标准化，才能直接带动陶瓷产业整体快速发展和提升。西班牙、意大利、美国、日本等国家，都已实现了原料的标准化，原料标准化是我国陶瓷产业发展的大势所趋。

原料是陶瓷生产的基础，原料的质量直接影响着产品的质量。陶瓷原料主要是来自各种天然矿物材料，如黏土、长石、方解石和白云石等，这些天然原料都是在特定的地质条件下形成的，不受人力掌控，来自不同矿源或者不同位置的原料都难免出现矿物组成及其他理化性能的波动。而且，多数陶瓷企业都有自身的原料进货渠道，原料产地分布在多个区域，成分差异较大。陶瓷产品质量不稳定是当前陶瓷生产企业面临最突出的问题之一，这跟企业生产技术管理有关，但更重要的是陶瓷生产主要原料尚未实现标准化。

江门市道氏标准制釉股份有限公司（简称"道氏"）是我国较早实施原料标准化生产的企业之一，道氏将"标准化"作为企业的一个发展方向。率先提出"标准制釉"这个概念。目前，道氏的标准化原料设计和开发已被同行广泛接受并获得了客观的经济效益。2002年，金鹏陶瓷接受了原料标准化生产的观念，逐步尝试生产标准化陶瓷原料，目前公司已有多达20余种标准化原料产品。

据悉，目前全国建筑卫生陶瓷标准化技术委员会已开始制定建筑卫生陶瓷原料质量标准，这有望推进我国陶瓷行业原料标准化，进而提升行业发展水平（附表7-2）。

附表7-2 已有建筑陶瓷原料/配料标准

标准号	标准名称
JC/T 1046.1—2007	建筑卫生陶瓷用色釉料第1部分：建筑卫生陶瓷用釉料
JC/T 1046.2—2007	建筑卫生陶瓷用色釉料第2部分：建筑卫生陶瓷用色料
JC/T 1047—2007	陶瓷色料用电熔氧化锆
JC/T 1094—2009	陶瓷用硅酸锆
JC/T 1096—2009	陶瓷用复合乳浊剂
JC/T 1097—2009	建筑卫生陶瓷用添加剂、解胶剂
GB/T 26742—2011	建筑卫生陶瓷用原料黏土

实现陶瓷原料标准化的途径主要有两个：一是原料供应商要严格执行陶瓷生产企业的原料采购标准，强化原料源头质量控制；二是陶瓷生产企业要设立独立的原

料车间，原料供应商要研究配置标准化的调试配方。此外，关于原料标准化的政策引导、标准制定及行业指导还需进一步完善。

有关专家预计，未来的 5~10 年，陶瓷原料的标准化会在国内得到推进。实现陶瓷原料的标准化是减少陶瓷生产波动的最有效的途径，目前国内在这方面的研究比较少。实现陶瓷原料的标准化是陶瓷行业发展的新思路，还能推动自然资源的合理利用，从而达到原料供应与消费之间的动态平衡，促进陶瓷产业有序协调发展。

四、燃煤电厂三氧化硫控制技术

随着"十二五"期间大量 SCR 装置的上马，SCR 催化剂会导致约 1% 的 SO_2 转化为 SO_3，燃煤电厂 SO_3 排放污染问题日益凸显。SO_3 排放一方面形成蓝烟/黄烟，另一方面也会加剧酸雨危害。当前，我国暂未开展 SO_3 监测工作，对燃煤电厂烟气 SO_3 污染控制方面的研究工作还比较少。亟需评估大量 SCR 脱硝装备应用后脱硝催化剂对 SO_2/SO_3 转化的影响特性，以及除尘、脱硫等设备对 SO_3 的协同减排效果，提出 SO_3 排放标准制修订建议及 SO_x 总量控制框架草案，为形成分阶段 SO_3 减排控制策略及环境监管建议等提供科学依据和技术支持，并研发低 SO_2/SO_3 转化率的脱硝催化剂。

五、火电氮氧化物新型催化剂技术

我国火电厂燃煤品质多变、成分复杂，含碱金属、碱土金属、重金属等多种元素，导致催化剂易失活。因此，需继续深入研发适合复杂煤质和运行工况的高效抗碱金属/碱土金属/重金属等中毒、低硫转化率、宽温度窗口和硝汞协同控制的系列催化剂配方，拓宽脱硝催化剂使用领域。废旧脱硝催化剂处置方面，要继续加大催化剂再生及资源化利用等关键技术和产品的开发力度，进一步提升再生催化剂脱硝效率和使用寿命，同时加大废旧脱硝催化剂的资源化回收及利用。

六、城镇污水处理设施小型化技术

"十一五"建设大潮过后，城镇生活污水处理设施的剩余空间仍然不可小觑，由于污水处理设施建设发展不平衡，中西部城市、中小城市、县城及建制镇设施水平仍需提高，新增设施的市场空间在上述区域密集呈现。从东部向中西北部，从省会城市、一线城市到二线城市，水污染治理市场正在逐渐向下移动，订单规模变小，而订单数量增加，污水处理设施的中小型化和分散化已经发展成为我国污水处理行业的共同趋势。设施的小型化和分散化必然会造成设施运营管理的分散，因而设施运营环节的整合是确保设施运营效率的方式，也是一种必然的发展趋势。

中小型污水处理厂在处理工艺的选择上将会更趋于多样化，更强调因地制宜的工程设计。针对处理规模小且分散的特点，行业最新治理思路是结合物联网技术的应用，采用全自动、免维护的污水处理先进设备，技术上满足"小型化、多功能、模块化、自动化和高效率的工艺组合与技术集成"的需要，对村镇污水处理设施进行集群化控制。同时，在污水治理工艺选择方面，提倡选用同步控制有机污染物和氮污染物的污水处理新工艺，保证出水达到一级 A 排放标准。

七、工业废水"零排放"技术

所谓工业废水"零排放"技术，是指通过对某一生产过程水系统的科学管理，在充分满足生产过程用水要求的前提下，实现生产系统基本不外排污水或很少外排污水，也使生产取水量大幅度减少的一种现代工业生产过程水系统管理技术。针对生产系统各环节的用水要求和废水产生情况，合理选用适宜的净化废水的技术方法，采取清浊分流、分质利用、多重套用、净化与循环利用等集成技术，达成废水零排放或低排放目的。

从选择石化、钢铁、电力、化肥、造纸、印染等典型行业切入，开发工业行业水管理系统，编制工业行业水系统管理技术规范和行业推广应用技术指南等技术文件，深入推进"零排放"工业废水技术的开发和应用。

工业废水"零排放"技术具有鲜明的行业"个性"和特点，以下以石化、钢铁行业为例说明工业废水"零排放"技术的发展。

在石化行业，废水回用于循环冷却水系统面临着腐蚀、结垢、有机物浓缩等问题，重点开展石化行业废水生物过滤、高级氧化、脱盐软化等处理工艺的筛选研究，突破适用于石化废水回用的低磷药剂，并形成较大产业规模，达到同类设备产品的购置成本低于同类进口产品的30%以上；构建运行成本低、处理效果好、自动化程度高的石化行业废水处理回用的成套技术，大幅提升我国石化行业废水利用的水平。

在钢铁冶金行业，针对行业水资源配置不合理、用水浪费、废水排放量大的问题，重点研究建立我国不同地域新建、改扩建钢铁冶金企业实现原水水质调控、循环水高浓缩倍数运行、综合污水安全回用与零排放等节水减排关键技术和支撑技术方面科学合理、可靠的应用模式；研发集成具有自主知识产权的以加强高浓度污染物回收为基础、强化全过程污染控制为核心、通过深度催化氧化和膜法进行深度处理并辅以回用水含盐量控制的综合污水处理与回用零排放技术；通过以技术模式为支撑的工程总承包（EPC）、环保设施投资运营等，推进环境服务业在我国钢铁冶金行业的发展；研究建立行业节水减排技术支持体系，指导企业节水减排基础设施建设，使行业吨钢新水取水量和排水总量大幅降低，大幅提升我国冶金行业废水利用的水平。

八、难处理工业废水处理技术

煤化工废水。煤化工企业用水量大，废水主要来源于煤炼焦、煤气净化和煤化工产品回收精制等生产过程。煤化工废水水质复杂，以酚和氨为主，含有大量有机污染物，水量大，毒性大，污染物浓度高，具有一定的处理难度。若未经合理处置就排入水体，会对水域周边的人、畜、农作物造成严重危害。煤化工废水中的污染物质有 300 多种，主要有 COD、生物化学需氧量（BOD_5）、总氮、总酚、挥发酚、石油类、氰化物、硫化物、悬浮物（SS）等，其中 COD 约 5000mg/L，氨氮 200～500mg/L，是一种典型的含难降解有机物的工业废水。煤化工废水常常还含有各种生色基团和助色基团物质，因而色度和浊度较高。国内大多数煤化工企业采用常规"物化预处理＋生化处理"方法，而且不断有新的方法和技术用于处理煤化工废水，但目前煤化工行业废水没有得到很好的处理，无法达标排放。

制药废水。制药工业是我国水污染物排放重点行业。一种药品生产尤其是原料药生产过程中，往往包括几步甚至是十几步反应，使用的原料达数种甚至几十种，原料的单耗有的高达 200∶1，这些原料很大部分以"废水"的形式从生产系统中排出到外部环境。这些"废水"污染物含量高、毒性强并含有难以生物降解的物质，若不能妥善处理，则会破坏水体和生态环境，给人类的生存和生活环境造成严重影响。制药废水污染物浓度高、水量大、所含生化抑制毒性成分复杂，以及废水高含氮、含硫酸盐、难生化降解等特点，对制药废水的处理普遍采用"消除废水生化抑制影响予以处理—厌氧生化（包括厌氧水解或厌氧消化）—好氧生化—废水深度处理"的工艺途径。废水生化抑制预处理的制药途径：混合稀释控制废水生化抑制、混凝分离预处理、化学氧化或高级氧化预处理。废水厌氧生化处理：水解酸化、厌氧消化、厌氧消化过程硫酸盐的控制。好氧生物处理：活性污泥法、生物接触氧化法、序批式间歇活性污泥法（SBR）及其变形工艺。废水脱氮：废水物化法脱氮、废水生物脱氮、同步脱氮、脱硫。废水深度处理：目前，国内许多制药企业探索将膜生物反应器（MBR）、臭氧-生物活性炭（曝气生物滤池）、后置催化氧化，以及吸附过滤、超滤、反渗透等系统加入制药生产废水处理工艺的后续深度处理单元。医药生产废水水质复杂，处理技术难度大，随着制药工业的快速发展，产业集聚效应日益突现，进一步加大了水污染控制的难度，水污染问题严重制约着行业的发展。

九、工业污泥处理处置技术

相对于城市生活污水处理厂产生的污泥而言，工业废水污泥通常具有以下特点：成分复杂、有毒有害物质含量较高、来源分散、产量较大。归结起来工业污泥的特性存在三大问题：一是污泥的含水率高，造成污泥产生量大，填埋体易变形，无法碾压作业，热干化成本高，土地利用施用不便；二是污泥的重金属等污染物严重影响污泥土地利用，并危及食物链安全；三是恶臭和病原菌污染。有恶臭和病原物影响所有处置方式，特别是制砖和土地利用等，随风向扩散的恶臭严重影响周边居民生活。目前常规污泥脱水工艺，产生的泥饼含水率高达80%以上，污泥减量化有限，重金属问题也未得到实际有效的解决，污泥后续处置利用受到严重限制。

目前国内工业企业采用的污泥处理手段主要有重力浓缩、机械脱水、自然干化、消化+自然干化等。典型的方法有生物沥浸技术，以及利用工业污泥烧制陶粒。

工业污泥一般都含有有毒有害物质，这些有毒有害物质既是二次污染源，又是二次资源，工业污泥资源化是兼顾环境效益、经济效益和社会效益最有效的利用途径。但是影响工业污泥资源化利用的主要因素是污泥中含有的重金属元素。一些工业污泥如造纸污泥等重金属含量较少且含有丰富的有机物，在经过处理后具有很高的再利用价值。而电镀污泥、制革污泥等含有重金属的污泥处置工艺则更加复杂。因此工业污泥资源化利用的关键就在于分离与回用污泥中的重金属元素。现在污泥中重金属的去除方法基本能有效地去除重金属。处理后的污泥重金属含量能达到农用标准。但是这些方法普遍都存在处理成本高、有二次污染等问题。